U0661713

世界技能大赛成果转化系列丛书
"十四五"职业教育部委级规划教材

Linux
操作系统应用教程
（Debian 11）

黄道金 主 编
李群嘉 肖 威 副主编

中国纺织出版社有限公司

内 容 提 要

本书以世界技能大赛网络系统管理项目竞赛模块Linux环境考核内容为依据，结合Linux服务器运维技术在企业中的实践案例，采用Linux操作系统Debian，介绍了Linux系统管理和常用网络服务的应用技术。本书内容紧跟行业发展，采用当下最新的系统和软件版本；以任务驱动的方式组织内容，结构清晰，目标明确；注重理论和实践结合，每个任务从基本原理入手，同时提供大量来自生产环境的操作案例演示。

本书既可作为世界技能大赛、各级职业技能大赛网络系统管理项目选手的训练指导教材，也可作为计算机网络应用相关专业的学习教材，还可供计算机网络管理员、IT技术支持人员、IT运维工程师等技术人员学习参考使用。

图书在版编目（CIP）数据

Linux 操作系统应用教程：Debian 11/ 黄道金主编；李群嘉，肖威副主编 . -- 北京：中国纺织出版社有限公司，2022.11

（世界技能大赛成果转化系列丛书）

"十四五"职业教育部委级规划教材

ISBN 978-7-5180-9986-3

Ⅰ.①L… Ⅱ.①黄… ②李… ③肖… Ⅲ.① Linux 操作系统—职业教育—教材 Ⅳ.① TP316.89

中国版本图书馆 CIP 数据核字（2022）第 202072 号

Linux Caozuo Xitong Yingyong Jiaocheng

责任编辑：李春奕 亢莹莹 责任校对：高 涵
责任印制：王艳丽

中国纺织出版社有限公司出版发行
地址：北京市朝阳区百子湾东里 A407 号楼 邮政编码：100124
销售电话：010—67004422 传真：010—87155801
http://www.c-textilep.com
中国纺织出版社天猫旗舰店
官方微博 http://weibo.com/2119887771
北京通天印刷有限责任公司印刷 各地新华书店经销
2022 年 11 月第 1 版第 1 次印刷
开本：787×1092 1/16 印张：12.5
字数：194 千字 定价：69.80 元

凡购本书，如有缺页、倒页、脱页，由本社图书营销中心调换

PREFACE

世界技能大赛（World Skills Competition，WSC）是一项国际性大型职业技能竞赛，由世界技能组织举办，各成员国申请主办，每两年一届，被誉为"世界技能奥林匹克"，代表了职业技能发展的世界先进水平，是世界技能组织成员展示和交流职业技能的重要平台。世界技能大赛最早于1950年由西班牙发起举办，迄今（至2022年）已举办了45届。我国于2010年正式加入世界技能组织，至今已连续参加了5届世界技能大赛，参赛项目和参赛规模不断扩大，参赛成绩不断提升。截至目前，累计获得36枚金牌、29枚银牌、20枚铜牌和58个优胜奖，在阿联酋阿布扎比、俄罗斯喀山连续两届蝉联金牌榜、奖牌榜和奖牌总分榜第一。

世界技能大赛竞赛内容遵循世界技能职业标准（World Skills Occupational Standards，WSOS），代表行业规范和生产实际中最先进、最热门的专业技术技能。网络系统管理项目（IT Network Systems Administration）竞赛内容面向商业和公共部门的大型或中小型组织中的IT网络系统管理员，要求选手掌握相应的IT技能，确保他们所需的系统和服务有效地、持续性运转，并提供建议和指导，推动其组织的信息化建设向前发展。网络系统管理项目竞赛内容分为4个模块：Linux环境（Linux Environment），Windows环境（Windows Environment），网络环境（Networking Environment），故障排除与秘密挑战（Troubleshooting and secret challenges）。

本书所涉及的内容是世界技能大赛网络系统管理项目竞赛模块中非常重要的部分——Linux环境模块。Linux操作系统作为企业生产中最广泛应用的操作系统之一，其技术应用是计算机网络管理员必知必会的技能。本书特点如下：

1. 依据世赛标准，遵循行业规范

本书的内容涵盖世界技能大赛网络系统管理项目 Linux 环境模块规定选手必须掌握的技能点，采用当下最新最流行的 Debian Linux 11.3 操作系统（第 46 届世界技能大赛网络系统管理项目官方技术文件指定操作系统）作为演示平台。每个技能点的内容以任务方式展开，任务演示案例精选企业生产应用中比较有代表性的实际需求和相关解决方案，任务设计遵循企业生产环境中可靠性、稳定性、安全性、持续性、可扩展、低成本等要求，并穿插企业技术实施过程中经常碰到的问题和应对技巧。

2. 融入思政元素，培养职业素养

本书在编写过程中，特别重视融入思想政治教育，在技术细节中体现职业素养，帮助学生树立技能强国理想、培养工匠精神和社会责任感。以 IT 网络系统管理技术人员的基本工作要求和职业道德基本原则为指导，将社会主义核心价值观、精益求精的工匠精神、严谨细致的科学素养、开拓进取的创新精神与专业技能点相融合，培养具有安全意识、法治意识、工匠精神和社会责任感的德才兼备的高技能人才。

3. 理论实践结合，项目案例真实

本书的每个任务都包含基本原理和操作案例，在理解原理的前提下进行操作实践，在操作实践过程中验证基本原理，理论与实践相结合，通过实践得出结论。任务的设计将世界技能大赛网络系统管理项目竞赛要求与生产实践相结合是本书内容编排上最大的特点。例如，摒弃了传统 Linux 书籍中单个命令学习的思路，而是以生产环境中系统管理员面对全新部署的 Linux 服务器时，如何完成系统的初始化配置这一工作任务展开 Linux 系统管理相关基础命令的学习。而完成这一任务所必须掌握的技能也是世界技能大赛该项目中要求选手在面对十多台生产服务器进行批量管理时的必备能力。

4. 内容深入浅出，任务层层递进

本书的每个任务包含多个实践案例，从易到难，由浅入深，可以帮助初学者快速入门，也引导其深入探讨。为检验学习成果，每个任务均包含实践任务，分为三个部分：

（1）巩固练习。对本任务内容进行回顾和练习，设置的实践任务对应每一任务中的知识点。所有问题都能从每一任务中找到答案或方法。主要是回顾和复习每一任务的重点内容。

（2）综合项目。以本任务内容所涉及技能点为基础，结合企业生产环境中真实应用案例设计的综合性实践任务。企业应用案例往往是综合性强、难度较高的，但

也是最具实用价值的，能够很好地锻炼和提高学生的学习能力和分析、解决问题的能力。

（3）技能拓展。技能拓展实践任务是在能够完成巩固练习和综合项目的基础上，对本任务内容进行技术更广、难度更高的相关技能提出思路和方向，引导学生（读者）对知识点进行更深入的研究。限于篇幅或难度一致性，该实践任务中涉及的知识点可能在本节内容中并未提及，由老师扩展讲解或学生自行查阅。

本书的编写旨在将世界技能大赛职业技能标准与企业应用行业规范相结合，将世界技能大赛备赛参赛经验和研究成果转化为相关专业建设和发展要素，推动网络系统管理相关专业的高技能高素质人才培养。本书既可作为世界技能大赛、各级职业技能大赛网络系统管理项目选手的训练指导教材，也可作为计算机网络应用相关专业的学习教材，还可供计算机网络管理员、IT 技术支持人员、IT 运维工程师等技术人员学习参考。

特别感谢世界技能大赛网络系统管理项目专家组组长田钧教授对本书写作的指导。

由于时间仓促，作者编写水平有限，书中难免存在疏漏和不足之处，欢迎读者指正。同时作者也会在技术应用和教学实践中反复精炼和修改，使内容更加合理、实用。

编者

2022 年 9 月 5 日

目录

CONTENTS

认识 Linux 系统

一、任务描述

虽然我们大多数时间在桌面电脑上都使用 Windows 进行工作学习，但是你知道吗，在企业服务器领域，Linux 操作系统却被广泛应用。面对即将开展的工作，我们的大部分需求是基于 Linux 系统。现在让我们一起来认识和了解 Linux 系统。

二、任务目标

（一）知识目标

（1）了解开源软件。

（2）了解 Linux 系统的发展历史。

（3）了解 Linux 系统的特点。

（4）了解 Linux 系统的应用场景。

（5）了解Linux系统的版本。

（二）能力目标

（1）能够识别和应用开源软件。
（2）能够根据需求选择合适的 Linux 发行版。
（3）能够查阅文档获取有价值的信息。
（4）确立开源共享的技术理念。
（5）培养勇于探索的求知精神。

三、基本原理

（一）自由软件

根据自由软件基金会的定义，自由软件（free software）是一类可以不受限制地自由使用、复制、研究、修改和分发的，尊重用户自由的软件。这方面的不受限制正是自由软件最重要的本质，与自由软件相对的是专有软件（proprietary software，一些人也会将其翻译为私有软件、封闭软件），后者的定义与是否收取费用无关，事实上，自由软件不一定是免费软件，同时自由软件本身也并不抵制商业化。自由软件受到选定的"自由软件许可协议"保护而发布（或是放置在公有领域），其发布以源代码为主，二进制文件可有可无。

（二）开源软件

开源软件（open source software，缩写为OSS）又称开放源代码软件，是一种源代码可以任意获取的计算机软件，这种软件的著作权持有人在软件协议的规定之下保留一部分权利并允许用户学习、修改以及以任何目的向任何人分发该软件。开源协议通常符合开放源代码的定义的要求。一些开源软件被发布到公有领域。开源软件常被公开和合作地开发。开源软件是开放源代码开发的最常见的例子，也经常与用户生成内容做比较。开源软件的英文open source software一词出自自由软件的营销活动中。

（三）Linux

Linux 是一种自由和开放源码的类 UNIX 操作系统。该操作系统的内核由林纳斯·托瓦兹（Linus Torvalds）在 1991 年 10 月 5 日首次发布，再加上用户空间的应用程序之后，成为 Linux 操作系统。Linux 也是自由软件和开放源代码软件发展中最著名的例子。只要遵循 GNU 通用公共许可证（GPL），任何个人和机构都可以自由地使用 Linux 的所有底层源代码，也可以自由地修改和再发布。大多数 Linux 系统还包括像提供 GUI 的 X Window 之类的程序。除了一部分专家之外，大多数人都是直接使用 Linux 发行版，而不是自己选择每一样组件或自行设置。

Linux 严格来说单指操作系统的内核，因为操作系统中包含了许多用户图形接口和其他实用工具。如今 Linux 常用来指基于 Linux 的完整操作系统，内核则改以"Linux 内核"称之。由于这些支持用户空间的系统工具和库主要由理查德·斯托曼 Richard Matthew Stallman 于 1983 年发起的 GNU 计划提供，自由软件基金会提议将其组合系统命名为 GNU/Linux，但 Linux 不属于 GNU 计划，这个名称并没有得到社群的一致认同。

（四）Linux 内核

Linux 内核（Linux kernel）是一种开源的类 Unix 操作系统宏内核。整个 Linux 操作系统家族基于该内核部署在传统计算机平台（如个人计算机和服务器，以 Linux 发行版的形式）和各种嵌入式平台，如路由器、无线接入点、专用小交换机、机顶盒、FTA 接收器、智能电视、数字视频录像机、网络附加存储（NAS）等。工作于平板电脑、智能手机及智能手表的 Android 操作系统同样通过 Linux 内核提供的服务完成自身功能。尽管于桌面电脑的占用率较低，基于 Linux 的操作系统统治了几乎从移动设备到主机的其他全部领域。截至 2017 年 11 月，世界前 500 台最强的超级计算机全部使用 Linux。

初始版本：0.01（1991 年 9 月 17 日，30 年前）。

最新版本：5.17.8[1]（2022年5月15日）。

最新测试版本：5.18-rc7[2]（2022年5月15日）。

（五）Linux 发行版

Linux 发行版（Linux distribution，也被叫作GNU/Linux 发行版），为一般用户预先集成好的Linux操作系统及各种应用软件。一般用户不需要重新编译，在直接安装之后，只需要小幅度更改设置就可以使用，通常以软件包管理系统来进行应用软件的管理。Linux发行版通常包含了包括桌面环境、办公包、媒体播放器、数据库等应用软件。这些操作系统通常由Linux内核、来自GNU计划的大量的函数库，以及基于X Window或者Wayland的图形界面组成。有些发行版考虑到容量大小而没有预装 X Window，而使用更加轻量级的软件，如Busy-Box、musl和uClibc-ng。现在有超过300个Linux发行版。大部分都正处于活跃的开发中，不断地改进。

由于大多数软件包是自由软件和开源软件，所以Linux发行版的形式多种多样——从功能齐全的桌面系统以及服务器系统到小型系统（通常在嵌入式设备，或者启动软盘）。除了一些定制软件（如安装和配置工具）外，发行版通常只是将特定的应用软件安装在一堆函数库和内核上，以满足特定用户的需求。

这些发行版可以分为商业发行版，如Ubuntu（Canonical公司）、Red Hat Enterprise Linux、SUSE Linux Enterpise；和社区发行版，它们由自由软件社区提供支持，如Debian、Fedora、Arch、open-SUSE和Gentoo。

在生产环境中，出于对系统性能和功能的要求，多采用64位的系统。

四、操作案例

（一）追溯Linux的历史

1.未完成的Multics

早期的计算机并不像现在的微型PC，随处可见，它们只出现在军事、科研和教育等领域，并且为数不多的计算机不仅慢还很难使用。20世纪60年代初期，麻省理工学院（MIT）开发了"兼容分时系统（Compatible Time-Sharing System，CTSS）"，他可以让大型机通过多个终端（terminal）联机进入使用主机资源。1965年前后，由美国电话及电报公司（AT&T）贝尔实验室、麻省理工学院（MIT）及通用电气公司（GE）计划开发一个多用途（General-Purpose）、分时（Time-Sharing）及多用户（Multi-User）的操作系统，也就是这个Multics（MULTiplexed Information and Computing System），其被设计运行在GE-645大型主机上。不过，这个项目由于太过复杂，整个目标过于庞大，糅合了太多的特性，进展太慢，Multics虽然发布了一些产品，但是性能都很低，于是到1969年2月，AT&T最终撤出了投入Multics项目的资源，中止这项合作计划。不可否认，Multics系统是一个优秀的设计，后面出来的Unix系统一定程度上受到它的启发。

2. Unix 和 BSD

我们通常说Linux是一个UNIX-Like（类UNIX）操作系统，继承了UNIX高效、稳定、安全的特性，并与UNIX保持着高度兼容性，我们常用的Linux系统整合着大量原本在UNIX下的工具与服务。

UNIX操作系统，是美国AT&T公司贝尔实验室于1969年实现的操作系统。最早由肯·汤普逊（Ken Thompson）、丹尼斯·里奇（Dennis Ritchie）、道格拉斯·麦克罗伊（Douglas McIlroy）和乔伊·欧桑纳（Joe Ossanna）于1969年在AT&T贝尔实验室开发，1971年首次发布。最初是完全用汇编语言编写，这是当时的一种普遍的做法。后来，在1973年用一个重要的开拓性的方法，Unix被丹尼斯·里奇（Dennis M.Ritche）用编程语言C（内核和I/O例外）重新编写。高级语言编写的操作系统具有的可用性，允许移植到不同的计算机平台更容易。

Unix在学术机构和大型企业中得到了广泛的应用，当时的UNIX拥有者AT&T公司以低廉甚至免费的许可将Unix源码授权给学术机构做研究或教学之用，许多机构在此源码基础上加以扩充和改进，形成了所谓的"Unix变种"，这些变种反过来也促进了Unix的发展，其中最著名的变种之一是由加州大学伯克利分校开发的伯克利软件包（BSD）产品。

后来AT&T意识到了Unix的商业价值，不再将Unix源码授权给学术机构，并对之前的Unix及其变种声明了版权权利。而BSD在Unix的历史发展中具有相当大的影响力，被很多商业厂家采用，成为很多商用Unix的基础。由于版权问题，4.4BSD完全删除了来自AT&T的代码。尽管后来，非商业版的Unix系统又经过了很多演变，但其中有不少最终都是创建在BSD版本上（Linux、Minix等系统除外）。所以从这个角度上，4.4BSD又是所有自由版本Unix的基础，它们和System V及Linux等共同构成Unix操作系统这片璀璨的星空。BSD在发展中也逐渐派生出3个主要分支，即FreeBSD、OpenBSD和NetBSD。

此后的几十年中，Unix仍在不断变化，其版权所有者不断变更，授权者的数量也在增加。Unix的版权曾经为AT&T所有，之后Novell拥有了Unix，再之后Novell又将版权出售给了圣克鲁兹作业。有很多大公司在取得了Unix的授权之后，开发了自己的Unix产品，如IBM的AIX、惠普公司的HP-UX、SUN的Solaris和硅谷图形公司的IRIX。

Unix因为其安全可靠、高效强大的特点在服务器领域得到了广泛的应用。直到GNU/Linux开始流行前，Unix也是科学计算、大型机、超级计算机等所用操作系统的主流。即使现在，其仍然被应用于一些对稳定性要求极高的数据中心。

注意

值得一提的是，BSD UNIX最先实现了TCP/IP，除此之外，伯克利大学还开发了现代计算机领域广泛使用的DB和DNS，非常了不起。

3. GNU计划

1983年，理查德·马修·斯托曼（Richard M.Stallman）创立了GNU计划。这个计划有一个目标，是为了发展一个完全自由的类Unix操作系统。自1984年发起GNU计划以来，1985年，理查德·马修·斯托曼发起自由软件基金会并且在1989年撰写了GPL协议（开源软件最重要的版权协议之一）。1990年代早期，GNU开始大量地产生或收集各种系统所必备的组件，如库、编译器、调试工具、文本编辑器、网页服务器，以及一个Unix的用户界面（Unix shell），但是像一些底层环境，如硬件驱动、守护进程运行内核（kernel）仍然不完整和陷于停顿，GNU计划中是在马赫微核（Mach microkernel）的架构之上开发系统内核，也就是所谓的 GNU Hurd。但是这个基于 Mach 的设计异常复杂，发展进度则相对缓慢。林纳斯·托瓦兹曾说过如果 GNU 内核在 1991 年时可以用，他不会自己去写一个。

GNU 计划是现代软件发展的重要力量，它倡导的开放、自由（Open source，Free software），吸引了大量的企业和个人开发者参与其中，为各个开源软件项目贡献代码，使得开源软件蓬勃发展，这也 Linux 迅速壮大并逐渐流行的基础。

4. Minix

Minix 是一个轻量的小型类 Unix 操作系统，是为在计算机科学用作教学而设计的，作者是安德鲁·斯图尔特·塔能鲍姆（Andrew Stuart Tanenbaum）。从第三版开始，Minix 是自由软件，而且被重新设计。

因为 AT&T 的政策改变，在 Version 7 Unix 推出之后，发布新的使用条款，将 UNIX 源代码私有化，在大学中不再能使用 UNIX 源代码。塔能鲍姆教授为了能在课堂上教授学生操作系统运作的细节，决定在不使用任何 AT&T 的源代码前提下，自行开发与 UNIX 兼容的操作系统，以避免版权上的争议。他以小型 UNIX（mini-UNIX）之意，将它称为 Minix。

5. Linux 诞生

1991 年，芬兰人林纳斯·托瓦兹（Linus Benedict Torralds）在赫尔辛基大学上学，对操作系统很好奇，并且对 Minix 只在教育学术上使用的设计很不满意，于是他决定写一个更加实用的操作系统，这就是后来的 Linux 内核。

林纳斯·托瓦兹开始在 Minix 上开发 Linux 内核，为 Minix 写的软件也可以在 Linux 内核上使用。后来 Linux 成熟了，可以在自己上面开发自己了。为了让 Linux 可以在商业上使用，林纳斯·托瓦兹决定改变他原来的协议（这个协议会限制商业使用），使用 GNU GPL 协议来代替。采用 GPL 协议发布的 Linux 受到全世界开发者的广泛关注和参与，开发者致力于融合 GNU 元素到 Linux 中，做出一个有完整功能的、自由的操作系统。Linux 诞生路线如图 1-1 所示。

1994 年 3 月，Linux1.0 版正式发布，Marc Ewing 成立了 Red Hat 软件公司，成为最著名的 Linux 经销商之一。

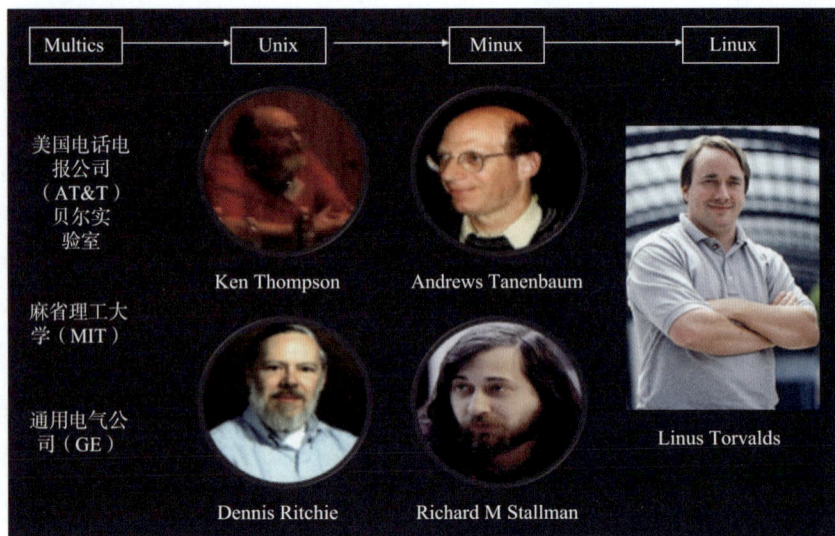

Multics → Unix → Minux → Linux

美国电话电
报公司
（AT&T）
贝尔实
验室

Ken Thompson

麻省理工大
学（MIT）

通用电气公
司（GE）

Andrews Tanenbaum

Linus Torvalds

Dennis Ritchie

Richard M Stallman

图1-1　Linux诞生
路线

> **注意**
>
> 1991年10月，赫尔辛基大学学生林纳斯·托瓦兹发布一则信息：
> "Hello everybody out there using minix- I'm doing a（free）operation
> system（just a hobby, won' be big and professional like gnu）for 386（486）
> AT clones."

（二）了解Linux的应用方向

经过30多年的发展，Linux已成为最流行的操作系统之一，广泛应用于教育、科研、军事、企业以及个人计算机领域。因为良好的移植性、硬件兼容性、稳定高效，使它可以方便并可靠地部署在超级计算机、工作站、数据存储、网络服务器、嵌入式设备之上。

Linux系统的典型应用包括：

（1）超级计算机。在TOP500的计算机中，全部运行Linux系统。

（2）服务器。Linux发行版一直被用来作为服务器的操作系统，并且已经在该领域中占据重要地位。Linux发行版是构成LAMP（Linux操作系统Apache、MySQL、Perl/PHP/Python）的重要部分，LAMP是一个常见的网站托管平台，在开发者中已经得到普及。

（3）工作站。《泰坦尼克号》《我是传奇》《指环王》《星球大战》《哈利·波特》《怪物史莱克》《2012》《阿凡达》等特效制作依赖于

Linux的集群系统完成。

（4）个人计算机。随着Xwindow的加入，桌面环境发展和应用软件的极大丰富，Linux在图形界面易用性上也取得了长足的进步，产生了诸如Ubuntu、Fedora等优秀的桌面系统。

（5）嵌入式设备。Linux的低成本、强大的定制功能以及良好的移植性能，使Linux在嵌入式系统方面也得到广泛应用。比如数字视频系统、音频系统、车载系统、光源系统、智能家居系统采用了定制的Linux；在网络防火墙和路由器也大多使用了定制的Linux。

（6）在智能手机、平板电脑等移动设备方面，基于Linux内核的操作系统也成为最广泛的操作系统。如Android、Sailfish、Firefox OS、Ubuntu Touch等。

（7）云计算。全球最大的云计算服务商Amazon EC2云完全构建于Linux架构之上。流行的Openstack云计算解决方案基于Linux系统部署。

（三）研究Linux的特性

（1）Linux是一种UNIX Like 操作系统，它遵循POSIX 标准，运行在UNIX下的软件很容易移植到Linux下，这使得Linux立刻拥有了大量优秀的软件。同时，Linux与UNIX非常相似，而它的开发人员大都拥有UNIX的背景。

（2）使用Linux，包括对它的拷贝、修改及再发布，只要在遵循GPL的协议下，不会有任何版权问题，对于企业部署可以极大地降低成本。而正因为支持Linux平台不会依赖于任何一家私有软件公司，所有各大软硬件厂商都支持并发展Linux，如REDHAT、IBM、INTEL、DELL、ORACLE、VMWARE、GOOGLE等。

（3）由于Linux的开发是基于internet由社区开发，并有众多支持者进行测试和BUG提交，所以使得Linux拥有更快的更新速度，更透明的漏洞修补和功能迭进。

（4）Linux继承了UNIX多用户多任务的设计理念，允许多人同时上线工作，并合理分配资源。严格的用户权限管理使不同的使用者之间保持高度的保密性和安全性。

（5）Linux系统使用相对较少的硬件资源，甚至可以在一台古董计算机上安装Linux，运行一些网络服务，会惊讶地发现它竟然非常流畅，一般情况下，不用担心它会越来越慢。

（6）Linux独特的内核设计决定了它的网络性能出色，不少网络设备厂商直接基于Linux开发网络路由、防火墙设备。

（7）Linux得到来自各大软硬件厂商的支持，特别是企业级应用。

（8）Linux的资源丰富，本身的工具和软件已经自带了详细使用文档和大量帮助信息。而且互联网上也有众多乐于分享和帮助的Linux Fans，如果碰到问题，甚至可以直接咨询软件的开发者。

（四）Linux 的发行版

Linux发行版就是通常所说的"Linux操作系统"，它可能是由一个组织，公司或者个人发布的。Linux主要作为Linux发布版（通常被称为distro）的一部分而使用。通常来讲，一个Linux发布版包括Linux内核，将整个软件安装到计算机上的一套安装工具，各种GNU软件，其他一些自由软件，在一些特定的Linux发布版中也有一些专有软件。发行版为许多不同的目的而制作，包括对不同计算机硬件结构的支持，对一个具体区域或语言的本地化，实时应用和嵌入式系统。目前，数百个Linux发行版被积极地开发，被广泛应用的发行版有：

1. Red Hat Enterprise Linux

RHEL是Red Hat（红帽）公司的企业版Linux系统，因其稳定强大，各大厂商认证和良好的技术支持，在Linux服务器上市场占领超过50%份额。采用RPM的包管理方式，很多发行版都或多或少地受到它的影响。

2. CentOS

由社区开发并维护，基于RHEL，并与RHEL版本号保持一致。致力于提供一个自由使用且稳定的RHEL。开发者直接修改RHEL的源代码，去除了红帽的商标和商业服务组件，修复了很多存在的Bug。其拥有自己的软件仓库，提供免费的在线更新程序。

3. Fedora

主要由 RedHat 主持的社区 Linux 项目，采用同样的 RPM 包管理，致力于最新技术的开发和引入。经过测试稳定且有价值的技术将被 RHEL 吸纳。坚持每半年发布一个版本。

4. SUSE Linux

在欧洲非常流行的 Linux 发行版，以界面华丽和简单易用著称。2004 年被 NOVELL 收购。NOVELL 提供企业级的 SUSE Linux Enterprise Server ｜ Desktop 软件和商业技术支持服务，企业市场占有率较高。OpenSUSE 是基于企业版的社区提供的免费 SUSE Linux。

5. Debian

Debian 是完全开放，一个强烈信奉自由软件的系统，由 Debian 计划组织维护，其背后没有任何营利组织的支持，开发人员全部来自全世界各地的志愿者。Debian 基于 Deb 的包管理方式，apt 的在线软件安装更新非常方便且快速。提供超过 18000 个软件包的支持，受到研究机构开发人员的极大欢迎。

6. Ubuntu

基于 Debian 开发，采用相同的 deb 和 apt。通过精挑细选，保证软件质量，致力于开发一个简单易用的 Linux 系统。由 Canonical 支持，坚持每 6 个月发布一个版本，分别提供 6 个月和 3 年（LTS）的技术支持。由于其易用性和遍布世界各地的镜像源服务器，使其近年来变得非常流行。

7. 其他 Linux 发行版

（1）ArchLinux：一个基于 KISS（Keep It Simple and Stupid）的滚动更新的操作系统。

（2）Gentoo：一个面向高级用户的发行版，所有软件的源代码需要自行编译。

（3）Elementary OS：基于 Ubuntu，界面酷似 Mac OS X。

（4）Linux Mint：从 Ubuntu 派生并与 Ubuntu 兼容的系统。

五、任务总结

Linux 是一种 Unix Like 操作系统。严格来说，Linux 只是一个操作系统内核。大多数 Linux 发行版是由操作系统内核加上 GNU 的软件或工具形成完整的操作系统。

本任务重点

（1）了解 Linux 的行业应用，特别是注意在企业的核心技术应用。

（2）了解 Linux 的基本结构和技术特点，理解 Linux 为什么会被广泛应用到生产生活的各个领域。

（3）了解什么是开源软件，以及开源软件的优缺点。

（4）了解 Linux 各大主流发行版各自的特点。

六、任务实践

（一）巩固练习

（1）上网查找并阅读关于 Unix、GNU，BSD、Linux kernel、Linux、开源软件、自由软件、GPL 及其他开源软件协议的相关资料，加深对 Linux 系统及开源软件的理解。

（2）上网查找本任务中提到的 Linux 发行版的官方网站，了解各发行版的不同特点。

（二）综合项目

（1）通过查阅资料和结合自己的使用经验，阐述 Linux 系统和 Windows 系统有何不同。

（2）通过查阅招聘相关的网站内容或相关数据，了解具备 Linux 相关技能的技术人员在企业的需求现状、岗位设置、能力要求、薪资水平等。

（三）技能拓展

（1）学习的 2W1H 方法：What（是什么）、Why（为什么）、How（怎么做）。

（2）讨论与思考：如何快速高效地学好 Linux 相关技术。

安装 Debian 系统

一、任务描述

在计算机平台或虚拟机上安装 Debian 系统非常容易。现代化 Linux 操作系统一般都拥有向导式的安装引导程序，指引用户一步一步完成系统安装参数设置，然后进行系统的安装。理解安装过程中每一个设置意义，有助于针对不同的系统部署需求合理地设置相关参数。

二、任务目标

（一）知识目标

（1）使用图形界面的方式安装 Debian 系统。
（2）使用文本界面的方式安装 Debian 系统。

（二）能力目标

（1）能够独立安装部署 Debian 系统。

（2）能够准确地检验软件的完整性。

（3）具备初步的信息安全意识。

（4）安装细节中体现精益求精的工匠精神。

三、基本原理

（一）升级还是全新安装

Debian 通常不建议主要版本间的平滑升级，例如，从 Debian 10 升级到 Debian 11。强烈推荐在一个主要版本升级到另一个主要版本时进行全新安装。而从 Debian 11.2 到 Debian 11.3 则可以进行系统平滑升级。

（二）硬件平台对应的系统版本

Debian 11 能够兼容最近两年内出品的大多数硬件，运维技术人员应该根据实际的业务需求选择配置最合理优化的硬件平台。

> **注意**
>
> 虽然大多数情况下我们无法规划硬件规格与配置，但还是有必要了解一下当前的硬件是否满足（或过剩）于业务应用，如一个文件服务器可能需要较多的存储空间，并做好磁盘阵列。

（三）安装方式

Debian 11 支持多种安装方式：

（1）从 CDROM 引导安装。

（2）从硬盘驱动器引导安装。

（3）从 USB 闪存驱动器引导安装。

（4）从PXE网络引导安装。

将安装映像文件置于DVD文件、本地硬盘、移动存储设备或网络文件服务器上。网络传输协议支持FTP、HTTP、HTTPS、NFS。

（四）备份数据

安装前必须备份原来系统里重要的数据。

四、操作案例

（一）制作Debian系统安装介质

1. 获取Debian系统镜像

可以在图2-1所示的Debian国内官方镜像源下载页面下载Debian 11，安装映像的ISO映像文件，只需要选择下载最新版本。Debian Linux的每个发行版本可通过NETINST、DVD、CD、云映像、Live、DLBD等多种方式来进行安装使用。本任务中我们将采用DVD的安装方式来安装Debian 11。

图2-1 Debian国内官方镜像源下载页面

目前Debian Linux系统最新版信息如下：

debian-11.3.0-amd64-DVD-1.iso

3.6 GiB

SHA-256：

fab0b6d2ea4fa4fb14100225fcb2988b94a8e391f273b4bfaed6314dff124a42

SHA-512：3328c5462d8fea7ecabff11a4f0a12be4b696080236c9c3c6cb-

cdf6141739049

8b7a767990b59102d7a5df23660a43a1c492755285eb3d3ab196be885bb22627

2. 检验 Debian 系统镜像

每个映像文件的链接都有 SHA-256 和 SHA-512 校验码。下载完成后，使用校验码工具如 Windows 的 MyHash、Linux 的 sha256sum 或 sha512sum 来生成本地文件拷贝的校验码。如果生成的值和网站上的值相匹配，那说明这个映像文件与官方提供的一致，是真实的且未被破坏的，如图 2-2 所示。

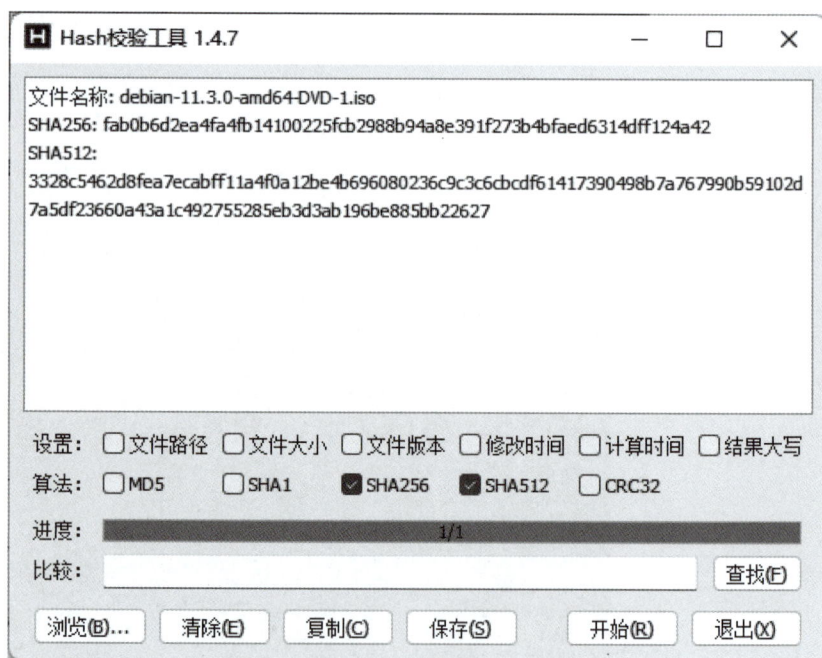

图2-2　Windows 工具MyHash校验界面

3. 创建安装介质

可以使用计算机系统中的刻录软件（如 Rufus）将下载的 ISO 映像文件刻录生成可引导安装 DVD。如果是将 Linux 系统安装到虚拟机，则无须刻录成 DVD，直接连接 ISO 映像文件到虚拟光驱，虚拟机选择从光驱启动即可。

（二）以图形界面的方式安装带有桌面环境的 Debian 系统

（1）安装引导界面，如图2-3所示。

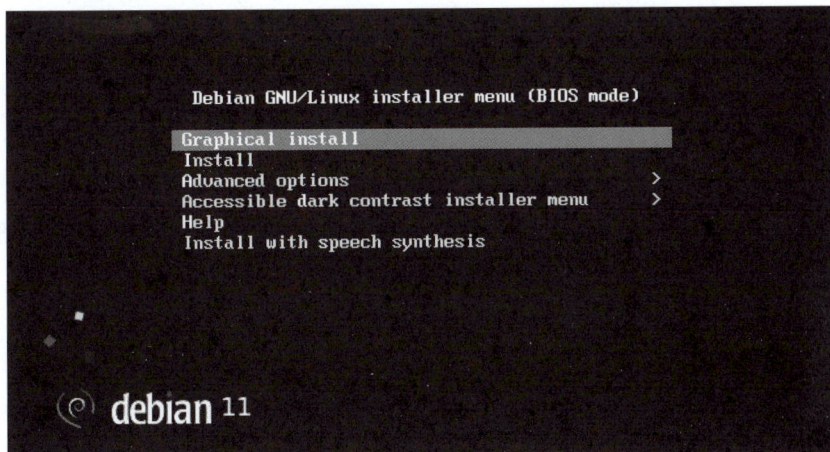

图2-3 安装引导
界面

（2）选择语言，如图2-4所示。

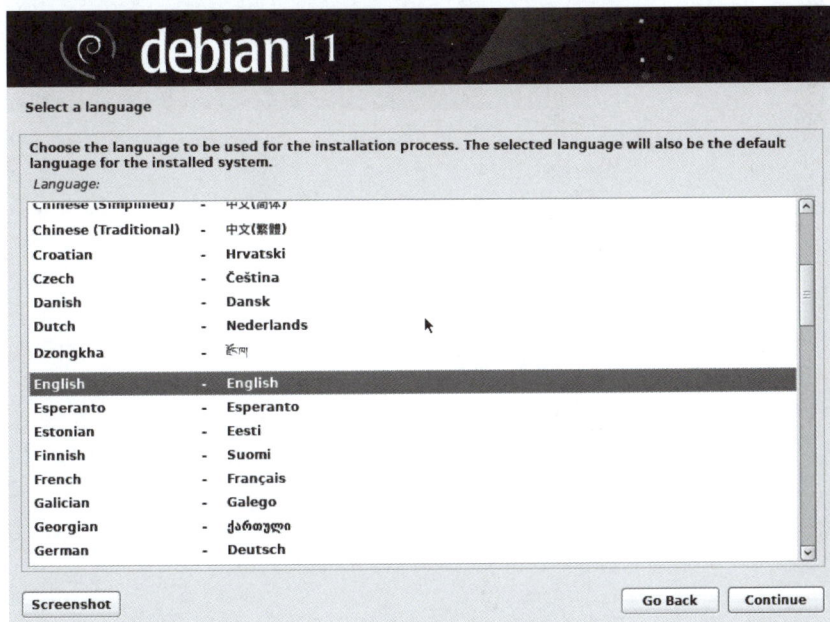

图2-4 选择语言

（3）选择地区，如图2-5所示。

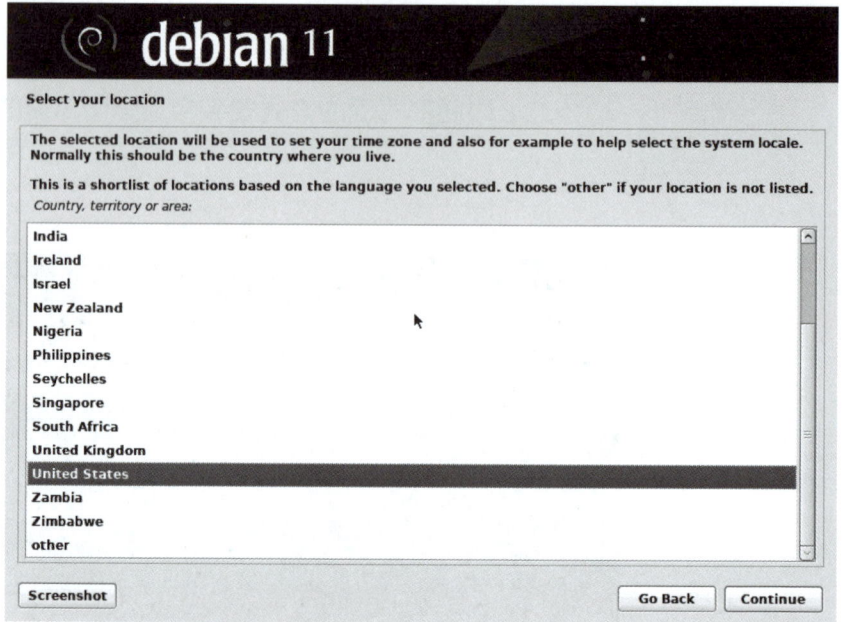

图2-5　选择地区

（4）选择键盘类型，如图2-6所示。

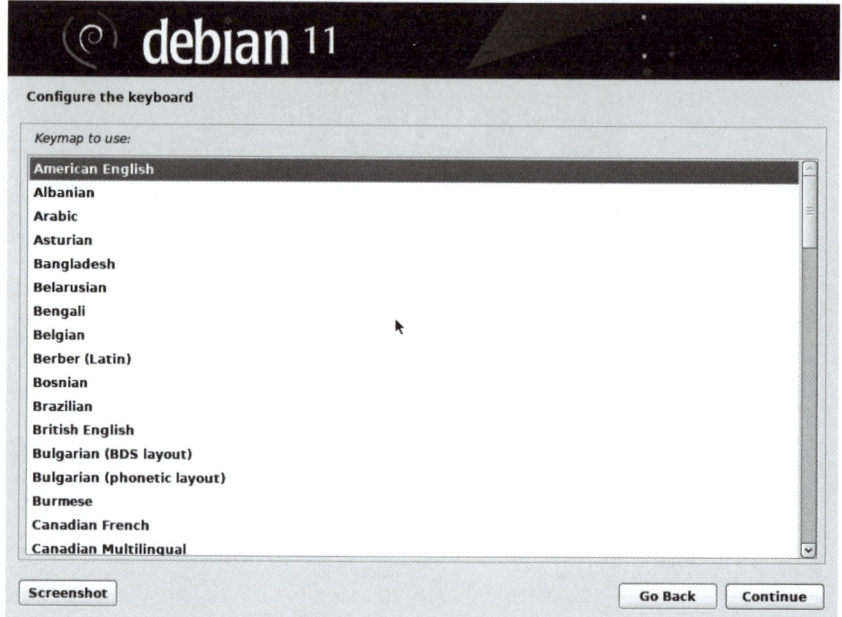

图2-6　选择键盘
类型

（5）配置网络，如图2-7所示。

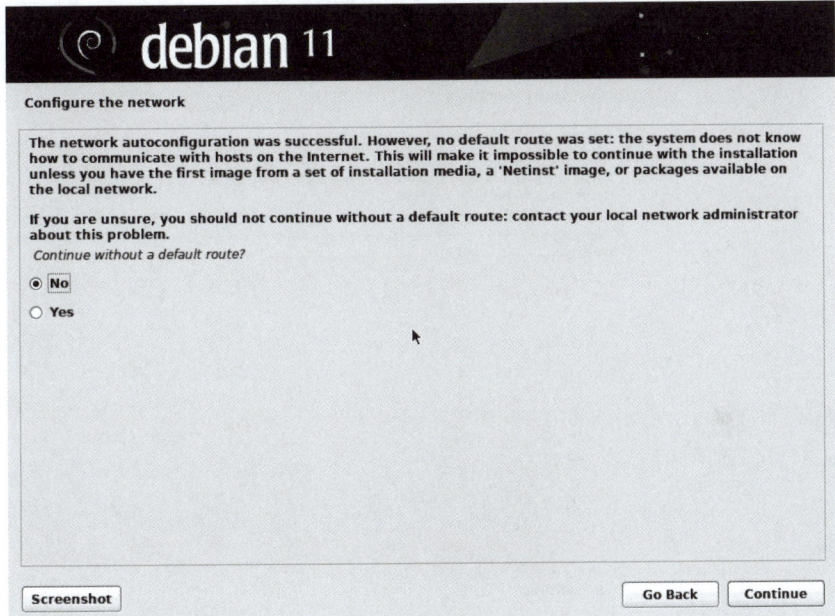

图2-7　配置网络

（6）选择暂时不配置网络，如图2-8所示。

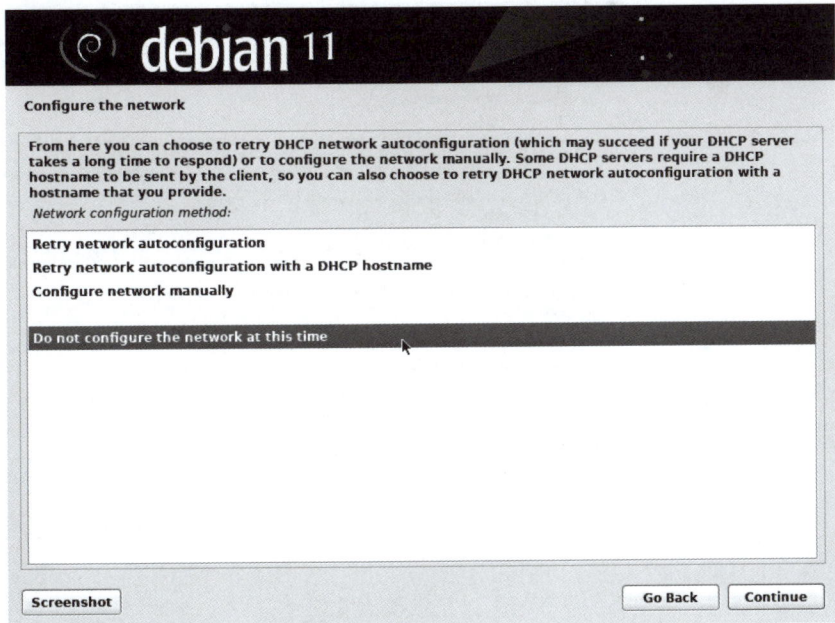

图2-8　暂时不配置网络

（7）配置主机名，如图2-9所示。

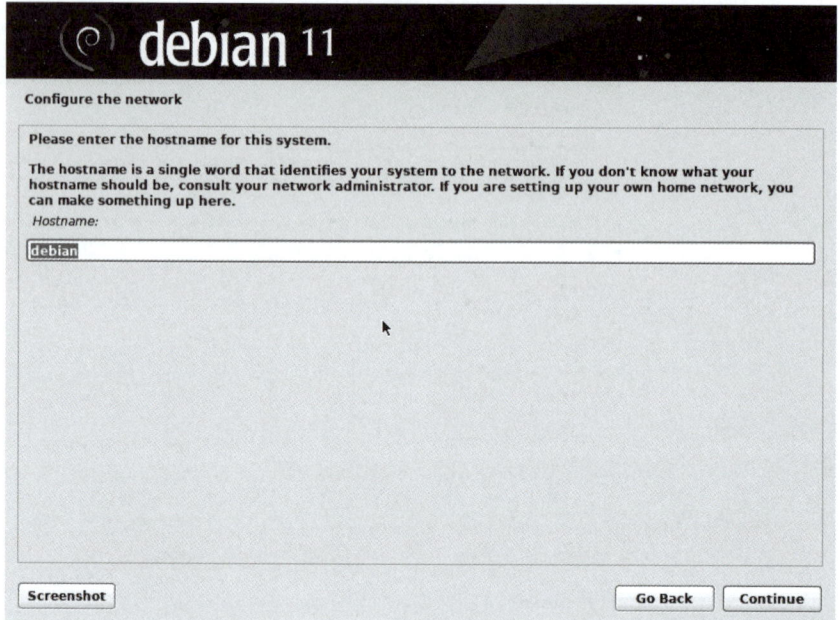

图2-9　配置主机名

（8）配置管理员密码，如图2-10所示。

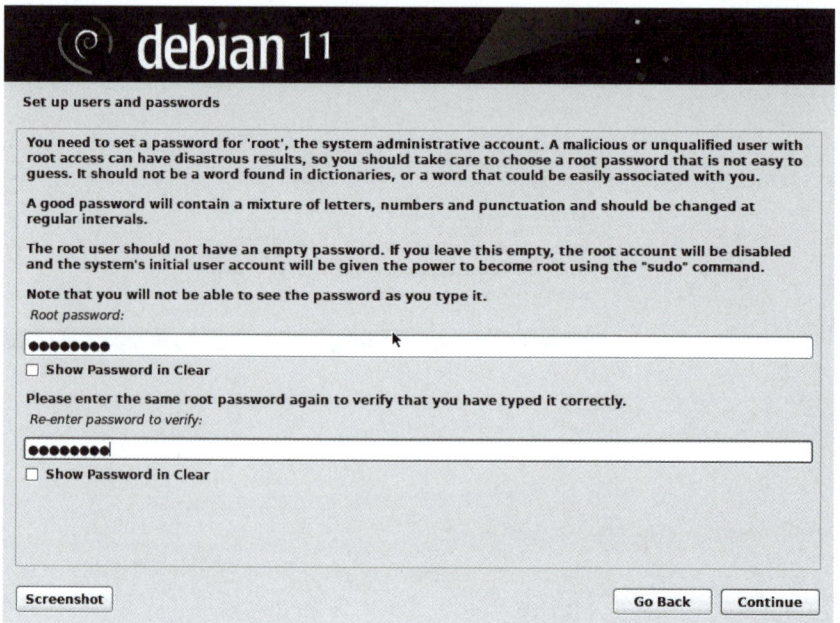

图2-10　配置管理
员密码

（9）创建普通用户，提供全名，如图2-11所示。

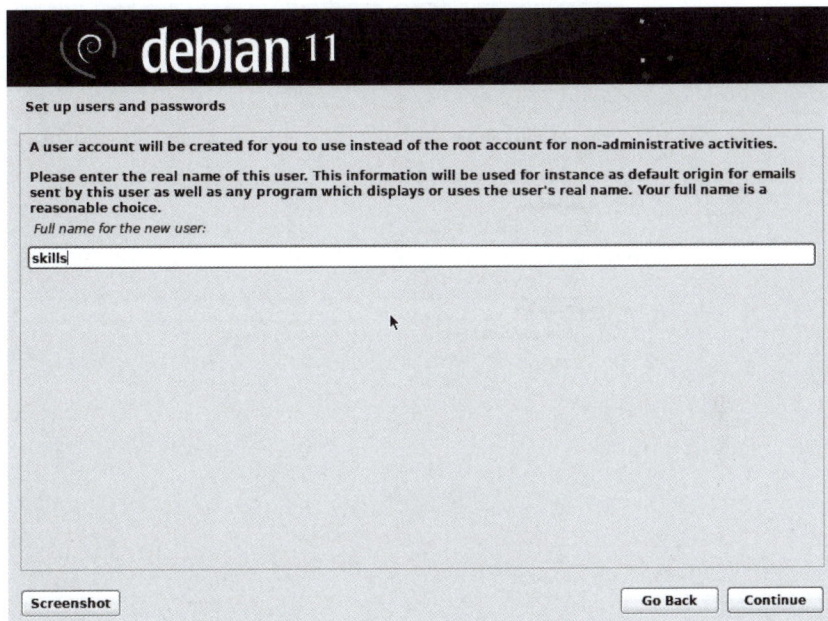

图2-11　创建普通
用户（全名）

（10）创建普通用户的账号名称，如图2-12所示。

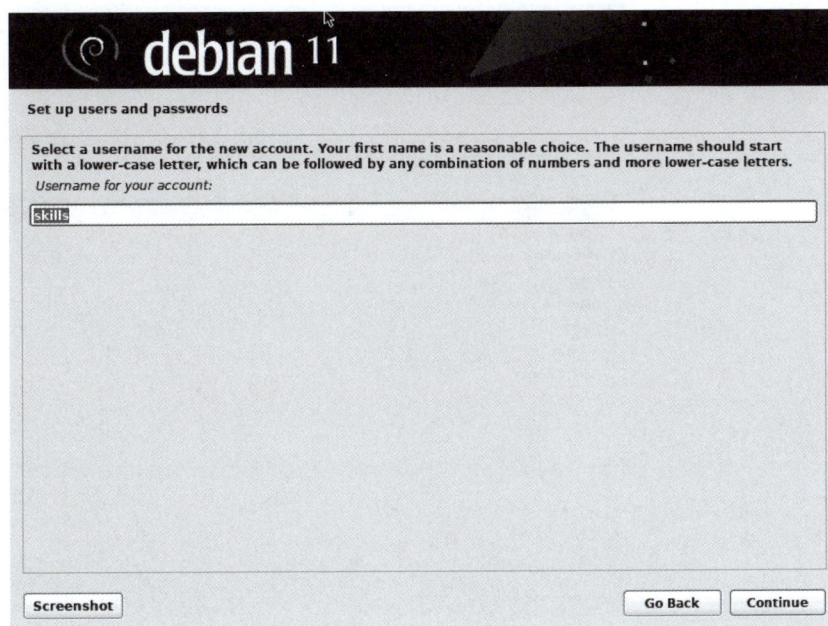

图2-12　创建用户
账号名称

（11）设置普通用户登录密码，如图2-13所示。

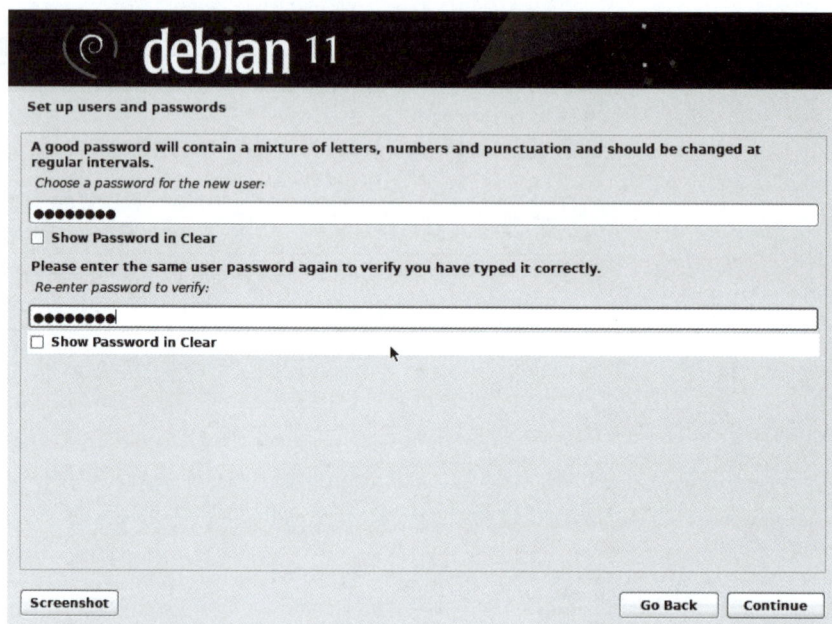

图2-13　设置普通
用户登录密码

（12）配置时区，如图2-14所示。

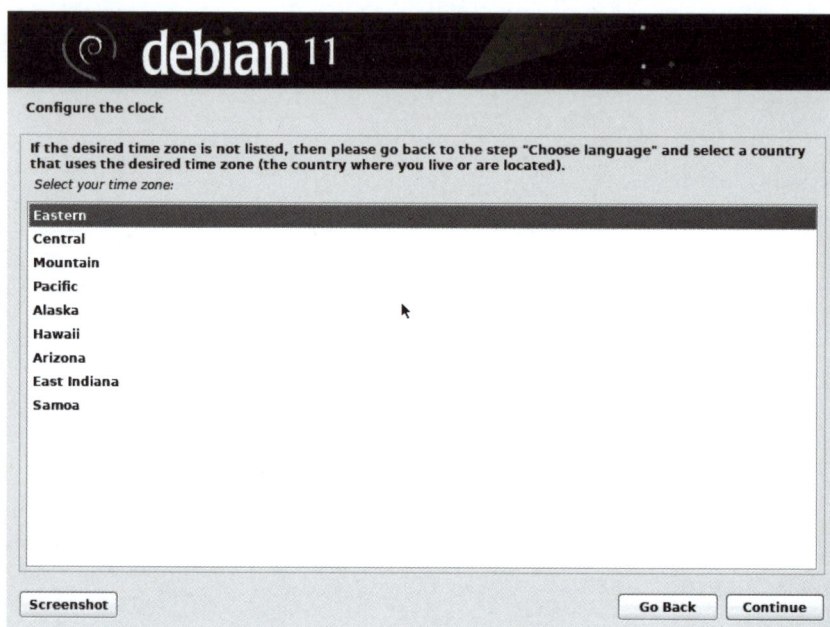

图2-14　配置时区

（13）进行磁盘分区，如图2-15所示。

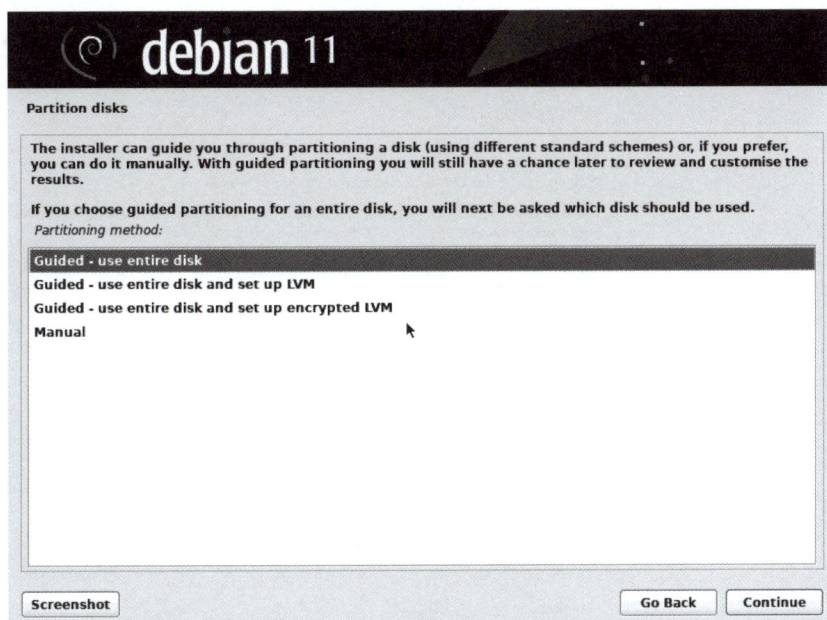

图2-15　磁盘分区

（14）选择将要分区的磁盘，如图2-16所示。

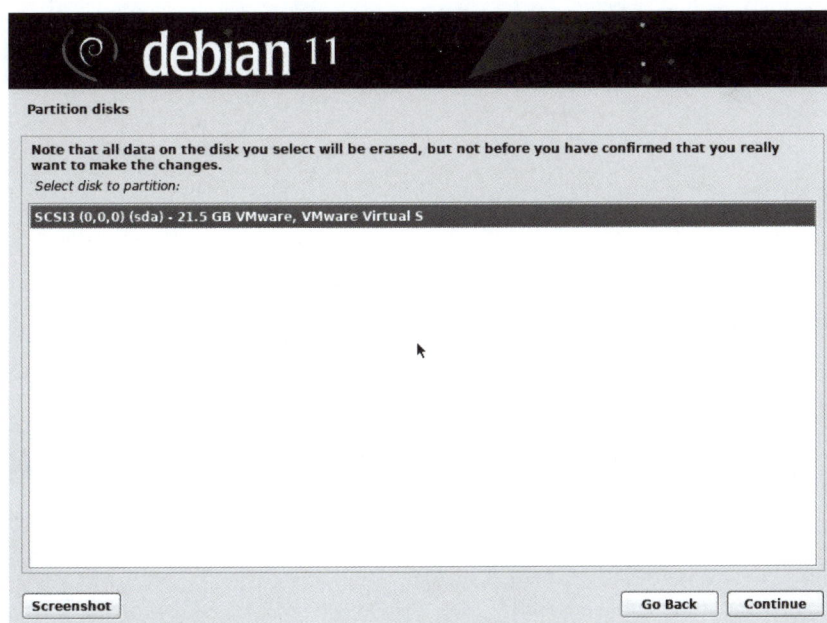

图2-16　选择将要
分区的磁盘

（15）选择分区的设定，如图2-17所示。

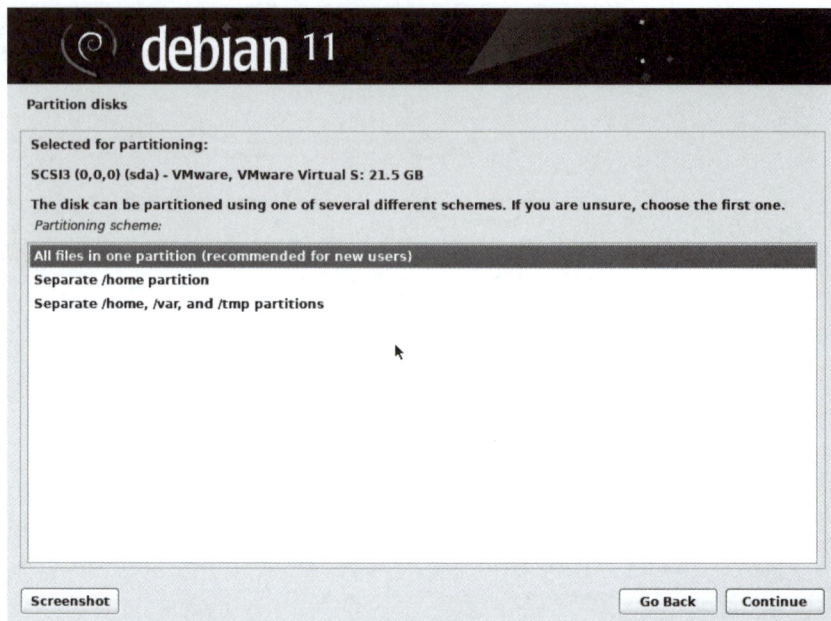

图2-17　选择分区的设定

（16）确认分区设定，如图2-18所示。

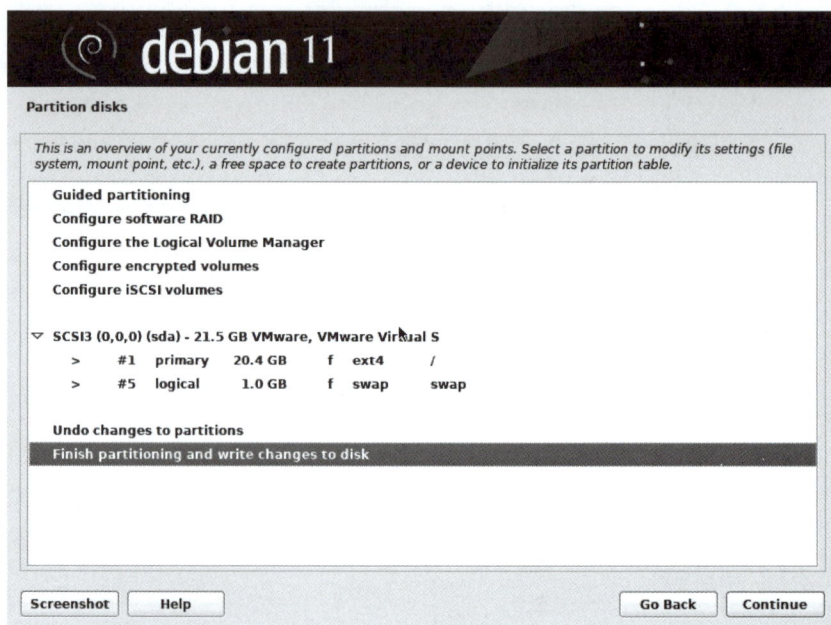

图2-18　确认分区设定

（17）写入分区信息，如图2-19所示。

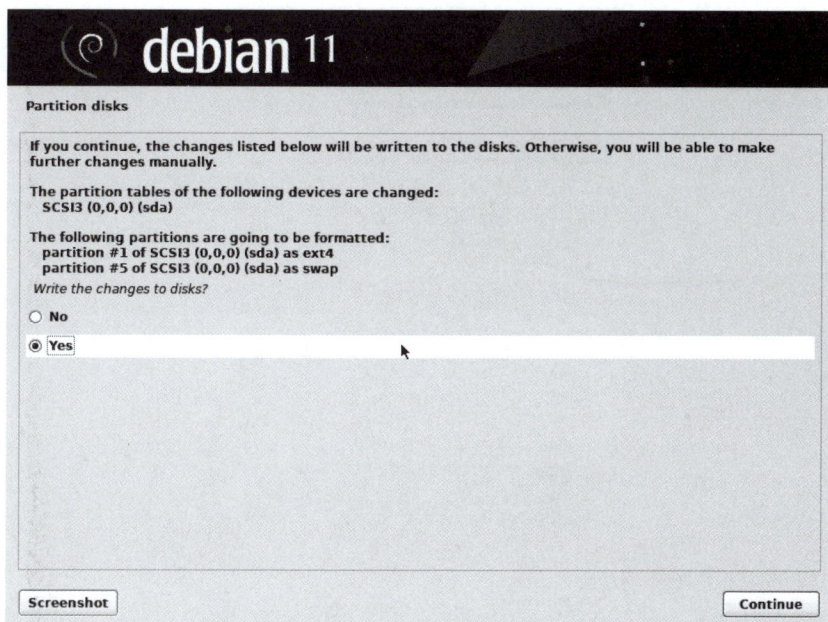

图2-19　写入分区
信息

（18）是否使用其他光盘镜像，如图2-20所示。

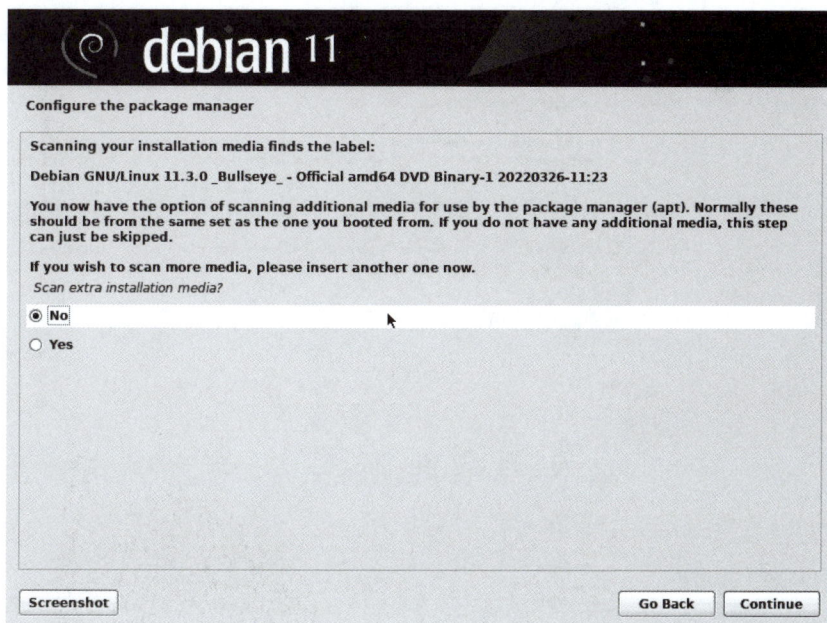

图2-20　是否使用
其他光盘镜像

（19）是否使用网络镜像，如图2-21所示。

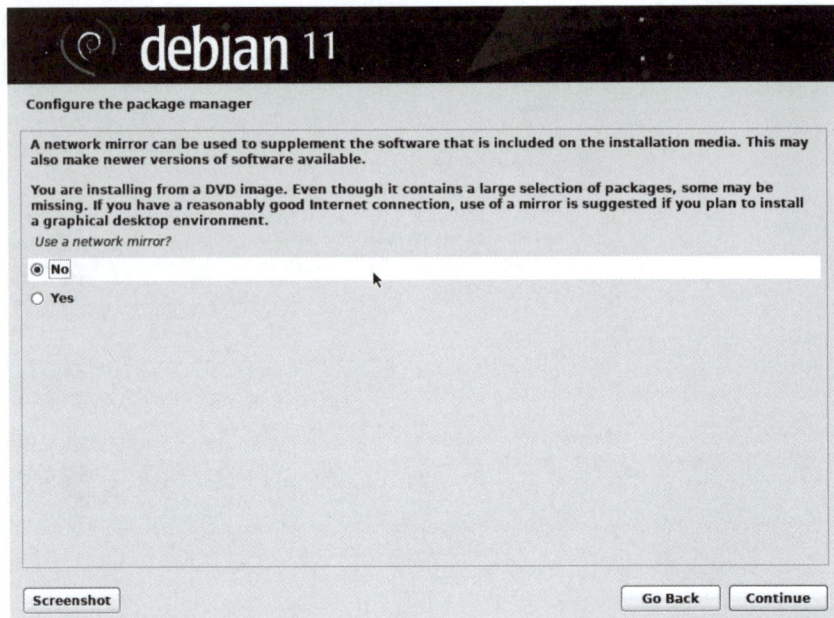

图2-21　是否使用网络镜像

（20）是否参与软件流行度调查，如图2-22所示。

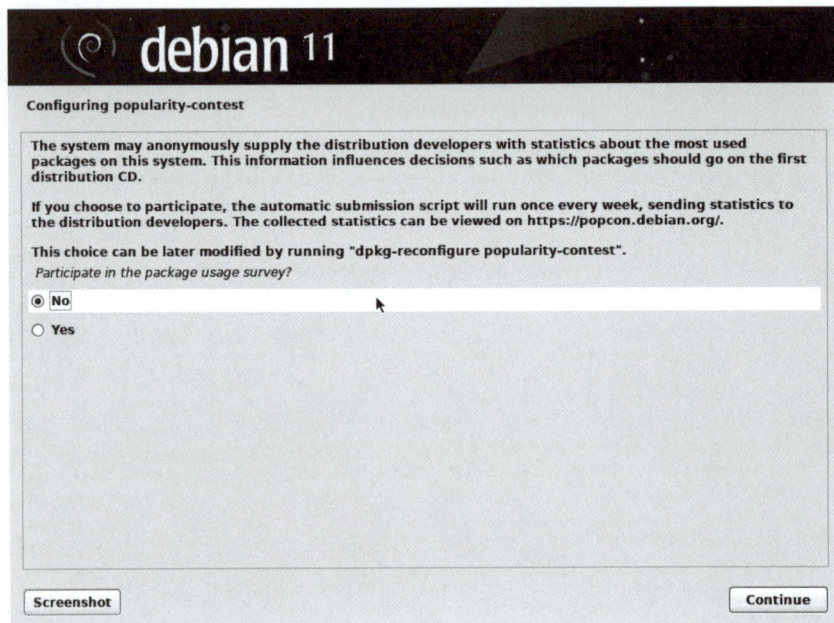

图2-22　是否参与软件流行度调查

（21）选择将要安装的软件包，如图2-23所示。

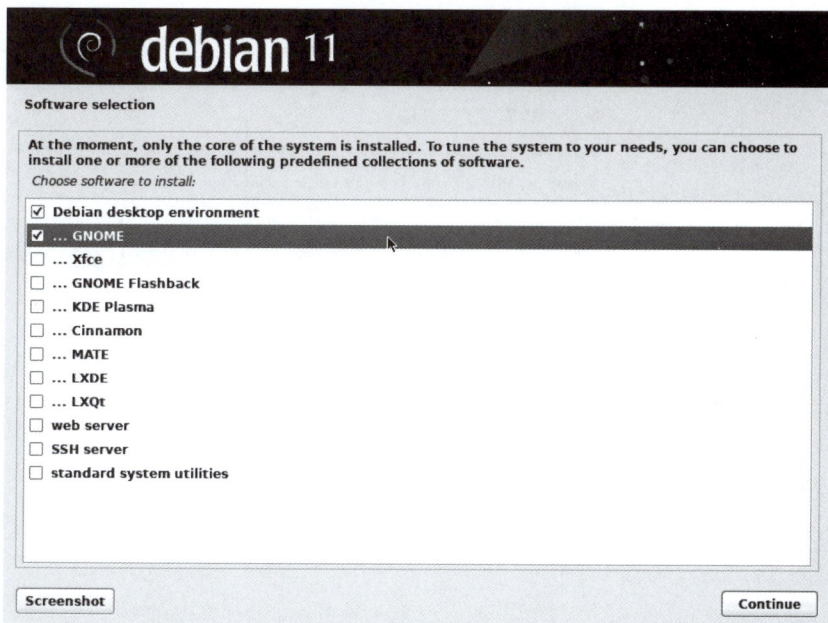

图2-23　选择将要安装的软件包

（22）安装GRUB引导程序，如图2-24所示。

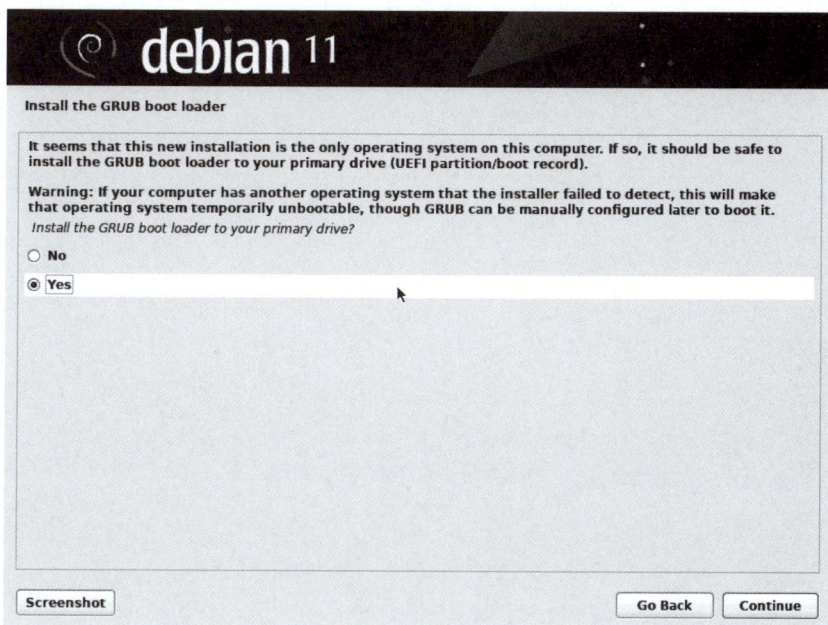

图2-24　安装GRUB引导程序

（23）选择引导程序安装位置，如图2-25所示。

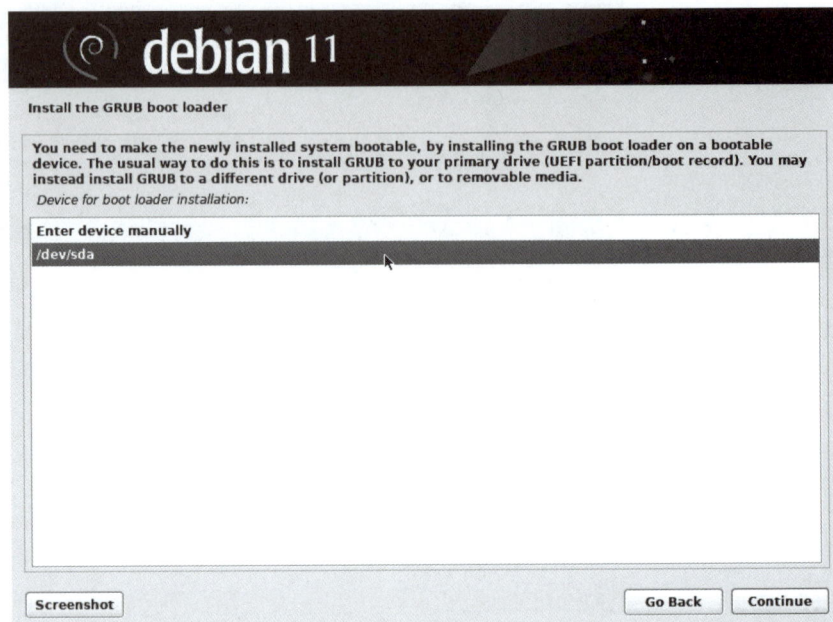

图2-25　选择引导程序安装位置

（24）安装完成，如图2-26所示。

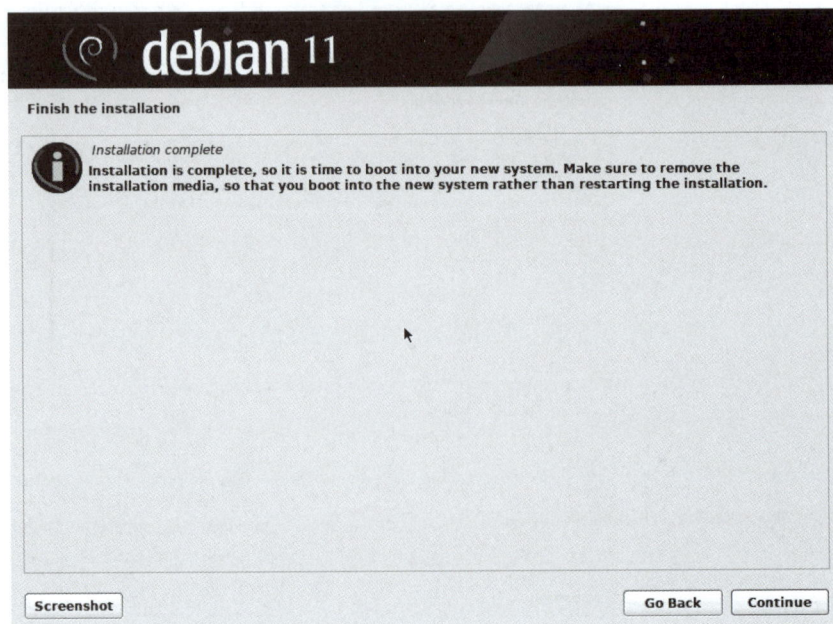

图2-26　安装完成

（25）重新启动系统，如图2-27所示。

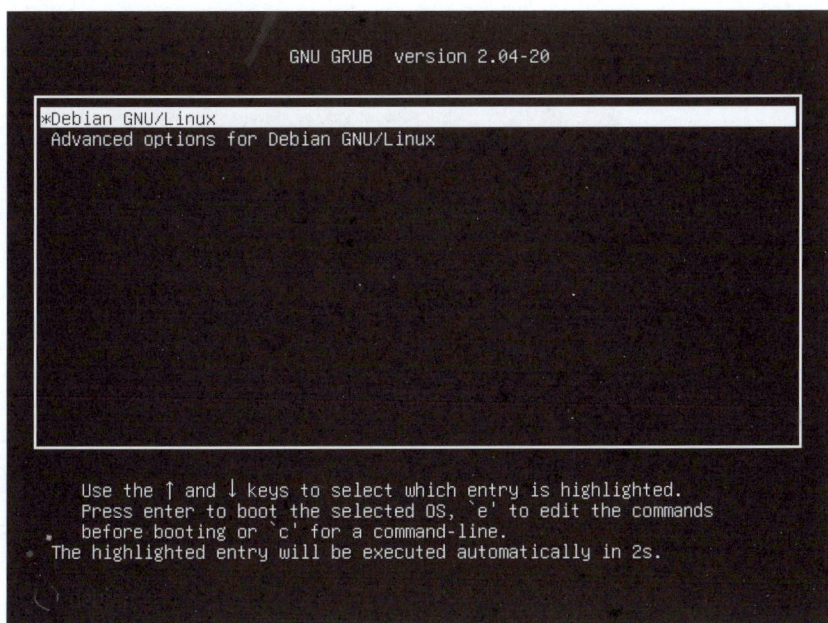

```
                    GNU GRUB  version 2.04-20

 ┌─────────────────────────────────────────────────────────────┐
 │*Debian GNU/Linux                                              │
 │ Advanced options for Debian GNU/Linux                         │
 │                                                               │
 │                                                               │
 │                                                               │
 │                                                               │
 │                                                               │
 │                                                               │
 │                                                               │
 │                                                               │
 └─────────────────────────────────────────────────────────────┘

      Use the ↑ and ↓ keys to select which entry is highlighted.
      Press enter to boot the selected OS, `e' to edit the commands
      before booting or `c' for a command-line.
    The highlighted entry will be executed automatically in 2s.
```

图2-27 重启系统

（26）登录Debian系统，如图2-28所示。

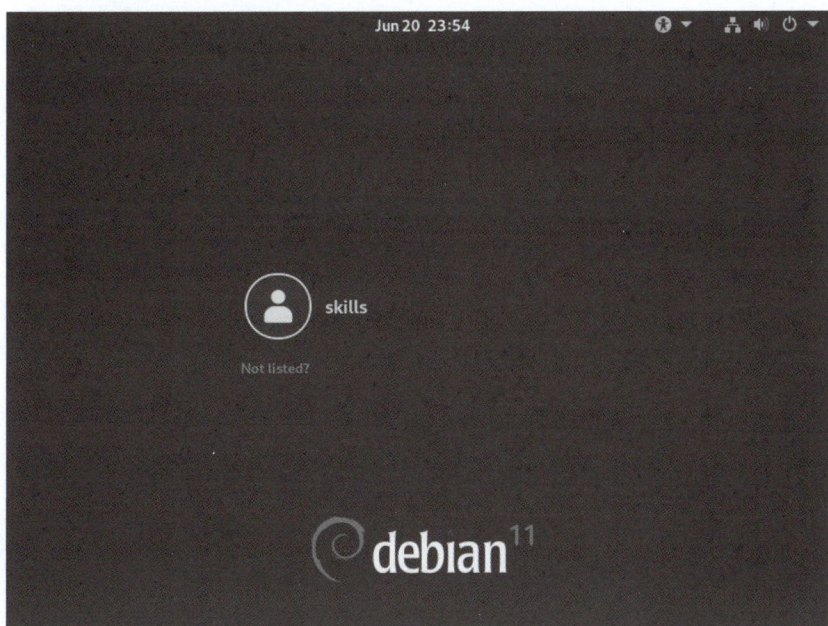

Jun 20 23:54

skills

Not listed?

debian¹¹

图2-28 登录
Debian系统

（三）以文本界面的方式安装最小化的 Debian 系统

（1）安装引导界面，如图2-29所示。

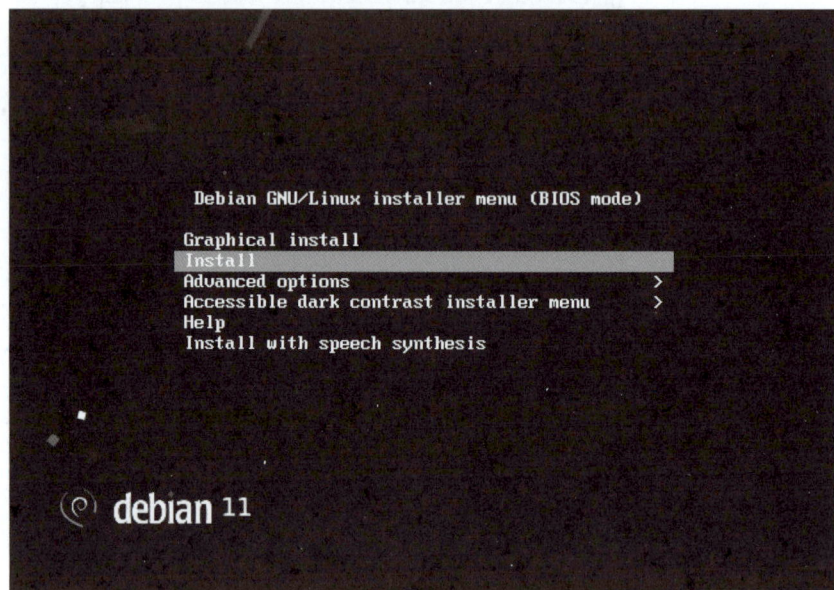

图2-29　安装引导界面

（2）选择安装语言，如图2-30所示。

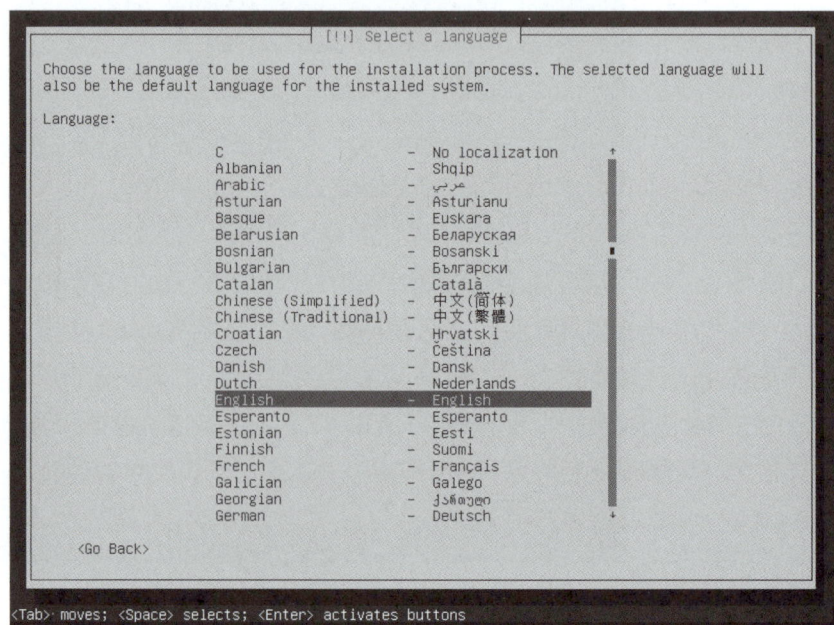

图2-30　选择安装语言

（3）选择地区，如图2-31所示。

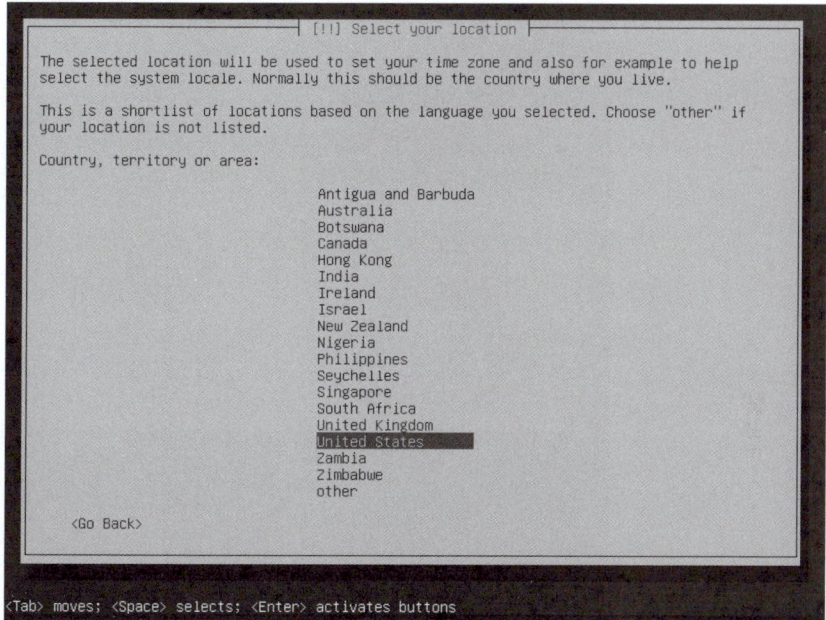

图2-31 选择地区

（4）选择键盘类型，如图2-32所示。

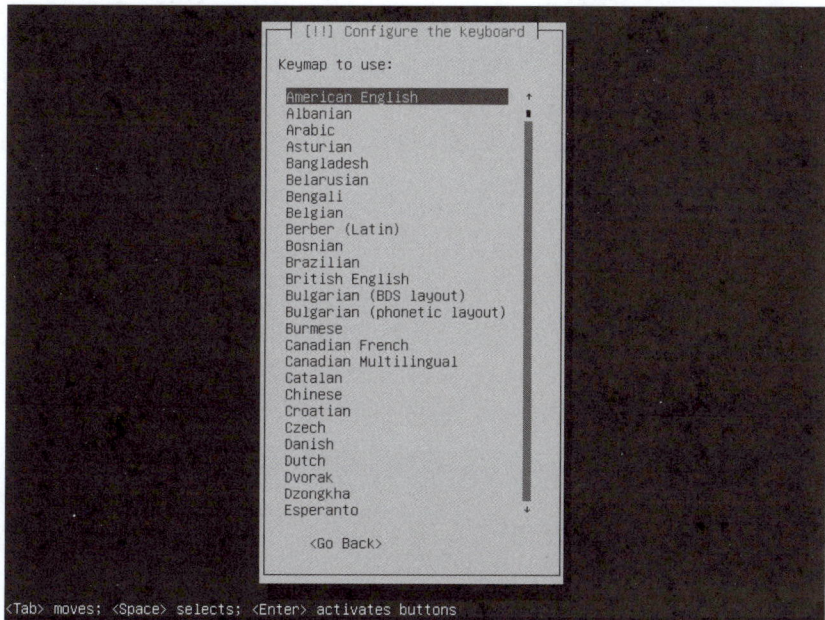

图2-32 选择键盘
类型

（5）配置网络，如图2-33所示。

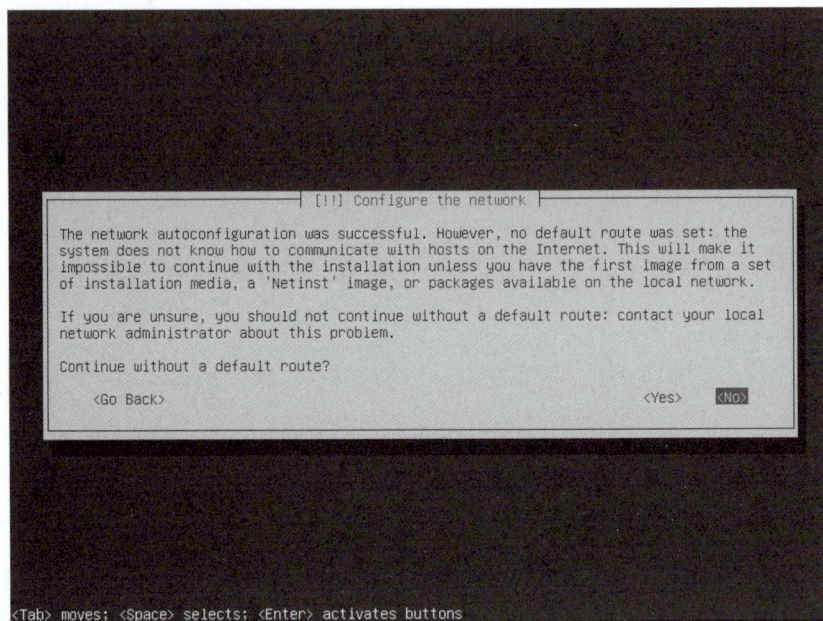

┌──────────────────────── [!!] Configure the network ────────────────────────┐

The network autoconfiguration was successful. However, no default route was set: the
system does not know how to communicate with hosts on the Internet. This will make it
impossible to continue with the installation unless you have the first image from a set
of installation media, a 'Netinst' image, or packages available on the local network.

If you are unsure, you should not continue without a default route: contact your local
network administrator about this problem.

Continue without a default route?

    <Go Back>   <Yes>   <No>

图2-33　配置网络

`<Tab> moves; <Space> selects; <Enter> activates buttons`

（6）选择暂时不配置网络，如图2-34所示。

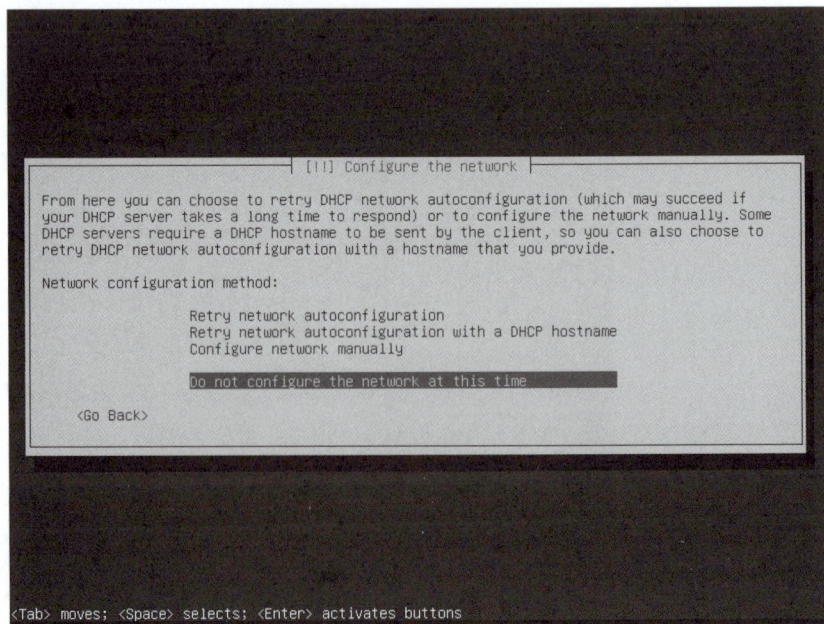

┌──────────────────────── [!!] Configure the network ────────────────────────┐

From here you can choose to retry DHCP network autoconfiguration (which may succeed if
your DHCP server takes a long time to respond) or to configure the network manually. Some
DHCP servers require a DHCP hostname to be sent by the client, so you can also choose to
retry DHCP network autoconfiguration with a hostname that you provide.

Network configuration method:

              Retry network autoconfiguration
              Retry network autoconfiguration with a DHCP hostname
              Configure network manually
              Do not configure the network at this time

    <Go Back>

图2-34　暂时不配置网络

`<Tab> moves; <Space> selects; <Enter> activates buttons`

（7）配置主机名，如图2-35所示。

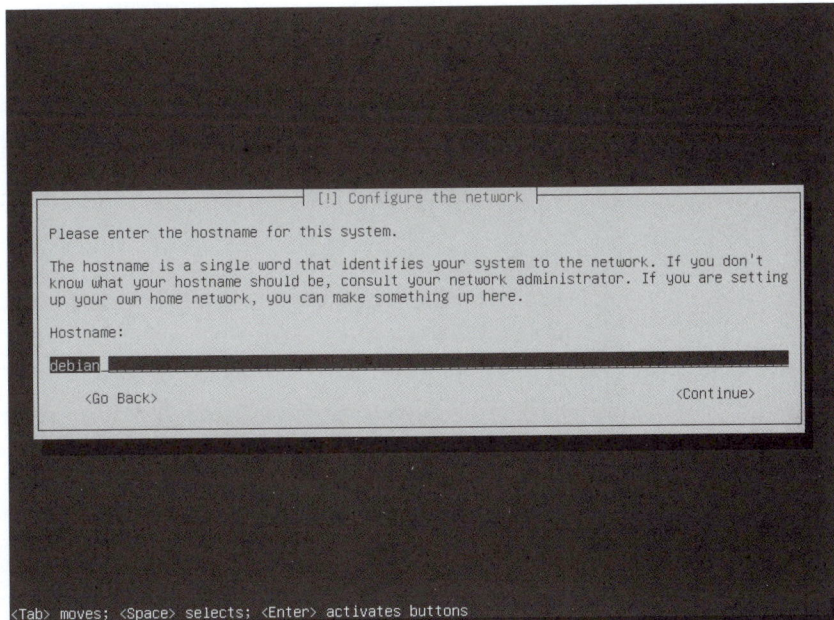

図2-35 配置主机名

（8）配置管理员密码，如图2-36所示。

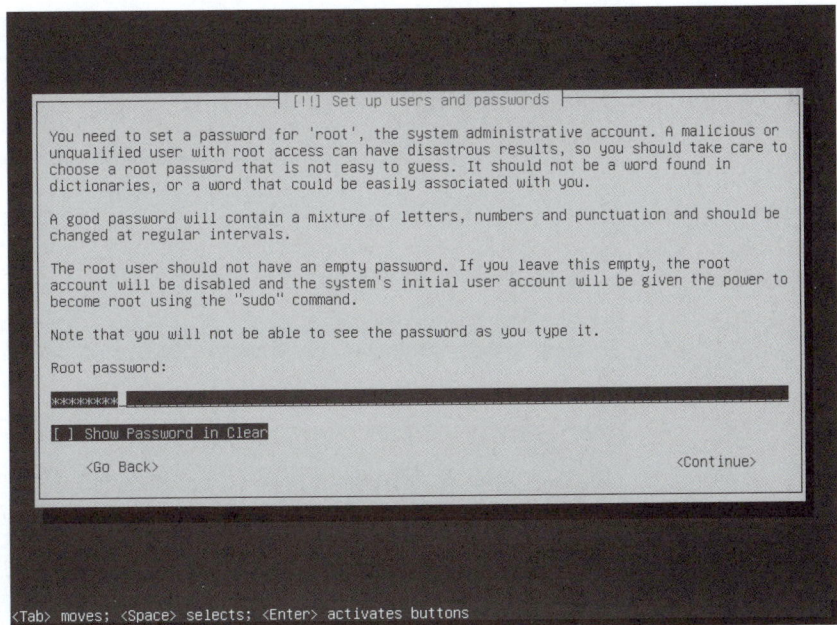

図2-36 配置管理
员密码

（9）确认密码，如图2-37所示。

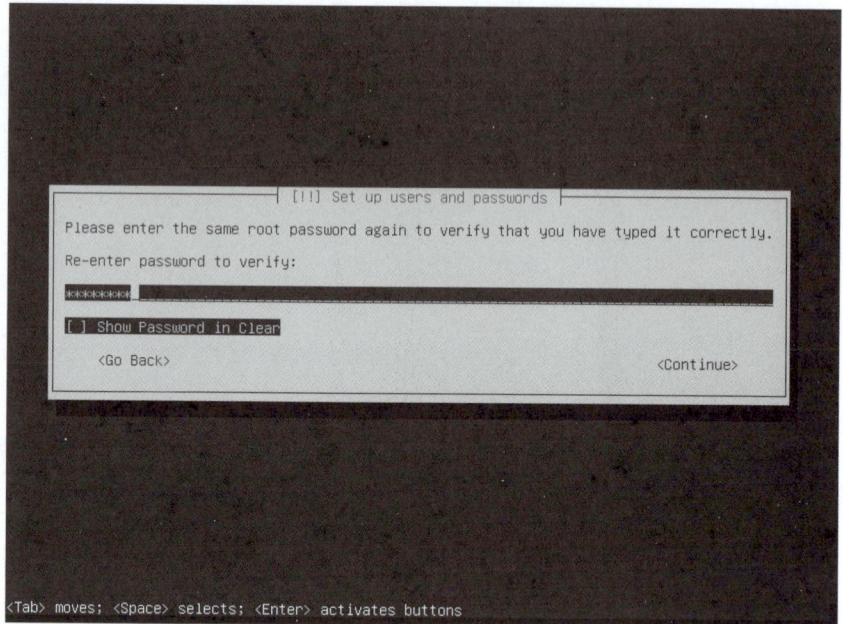

图2-37　确认密码

（10）输入新用户的全名，如图2-38所示。

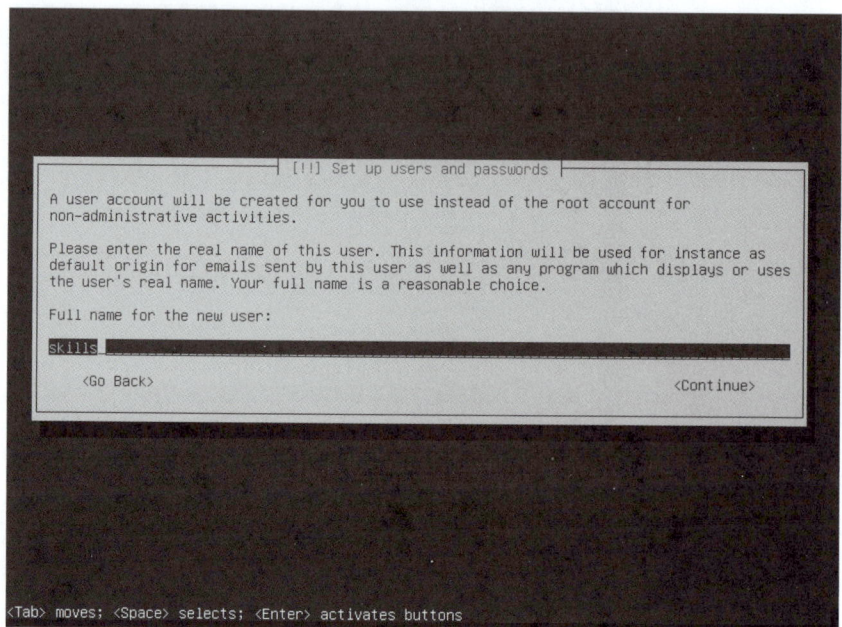

图2-38　创建新用户（全名）

（11）输入新用户的用户名，如图2-39所示。

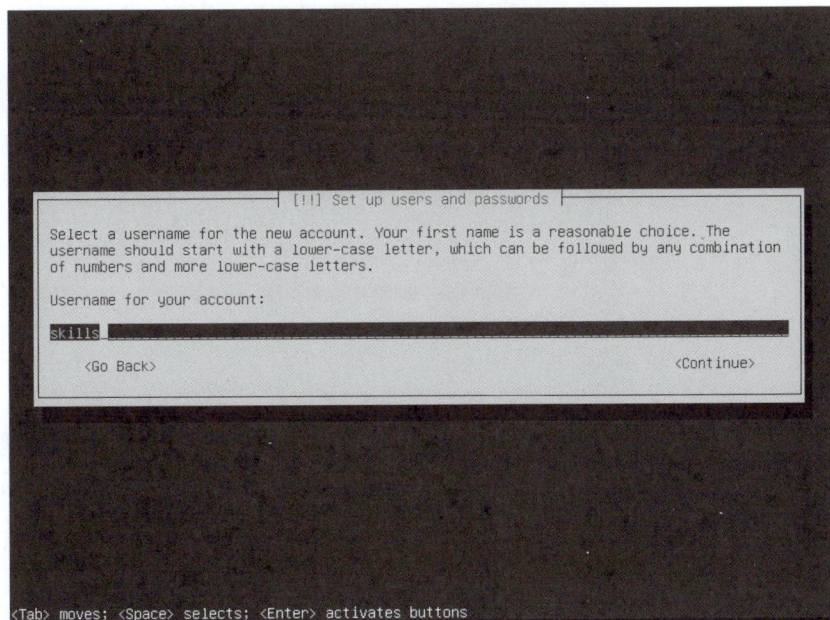

图2-39　创建新用户（用户名）

（12）设置用户密码，如图2-40所示。

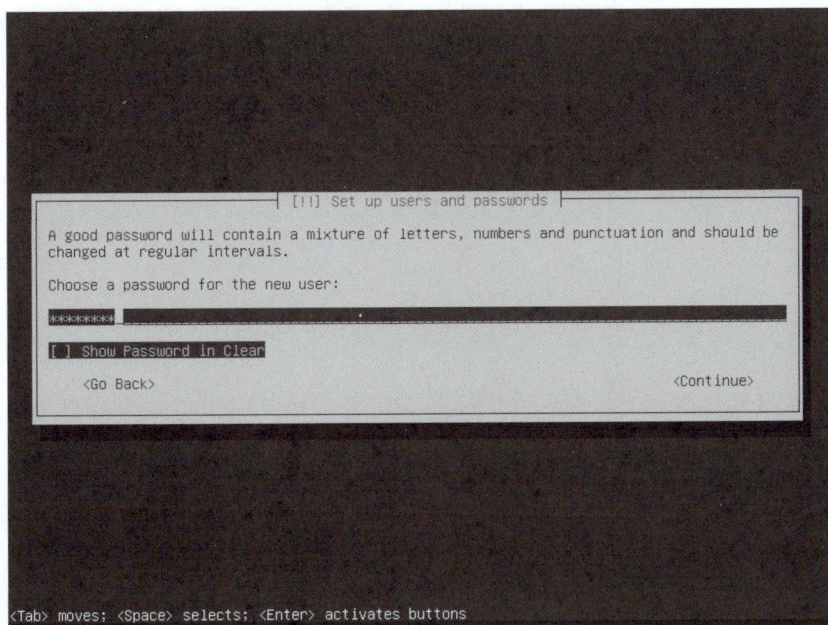

图2-40　设置用户密码

（13）确认用户密码，如图2-41所示。

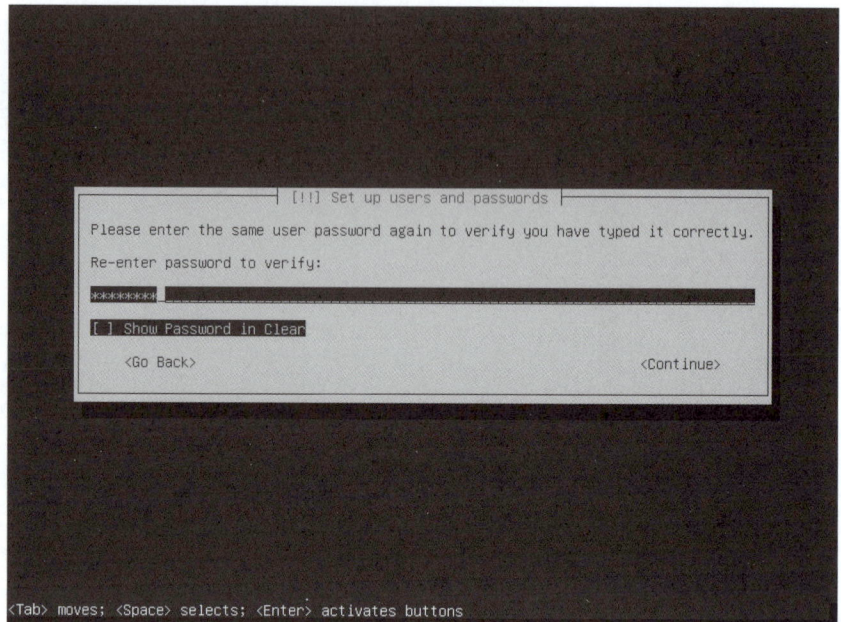

图2-41 确认用户
密码

（14）配置时区，如图2-42所示。

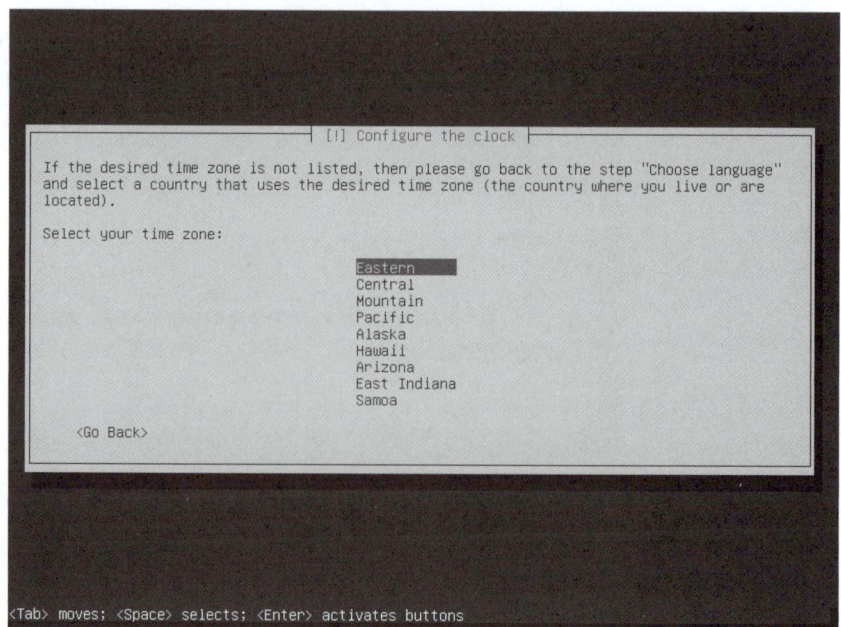

图2-42 配置时区

（15）配置分区，如图2-43所示。

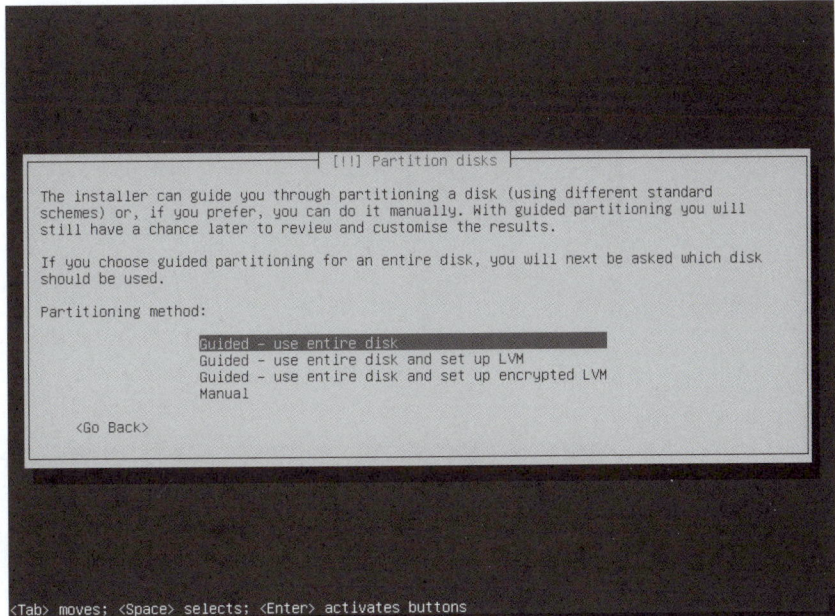

图2-43 配置分区

（16）选择将要分区的磁盘，如图2-44所示。

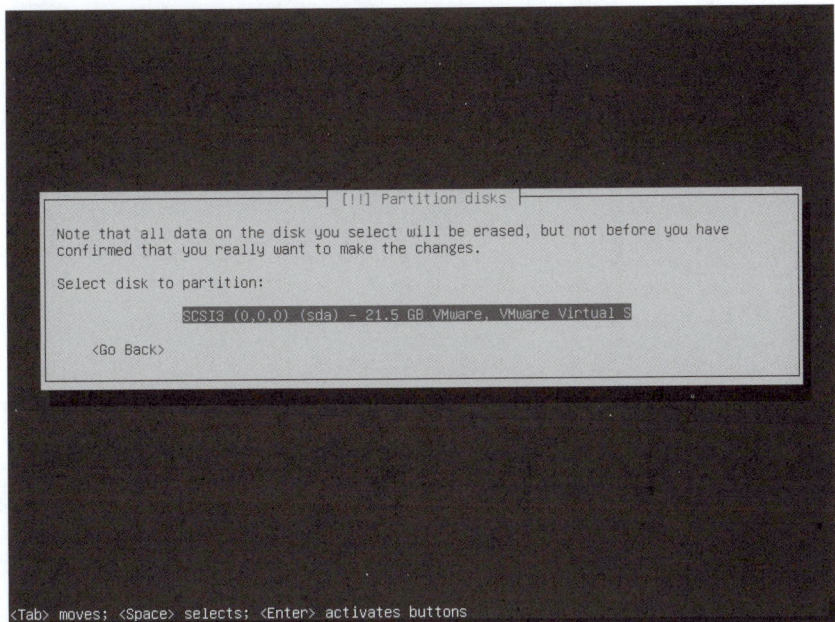

图2-44 选择分区
磁盘

（17）选择分区方案，如图2-45所示。

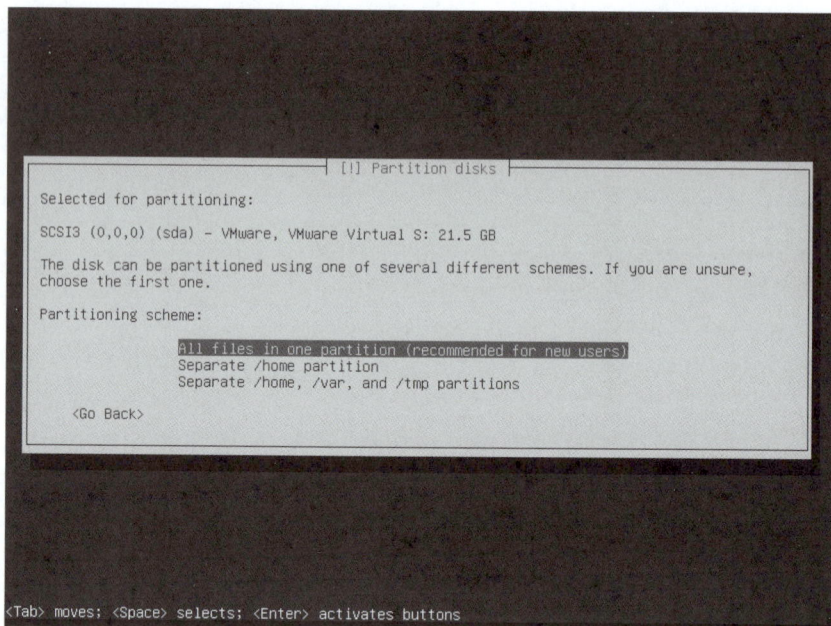

图2-45　选择分区
方案

（18）确认分区方案，如图2-46所示。

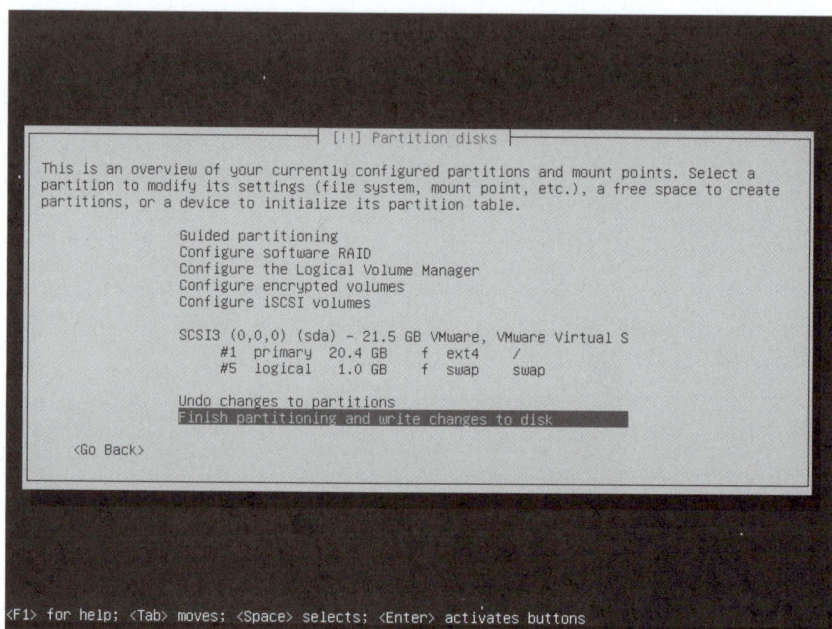

图2-46　确认分区
方案

（19）写入磁盘分区，如图2-47所示。

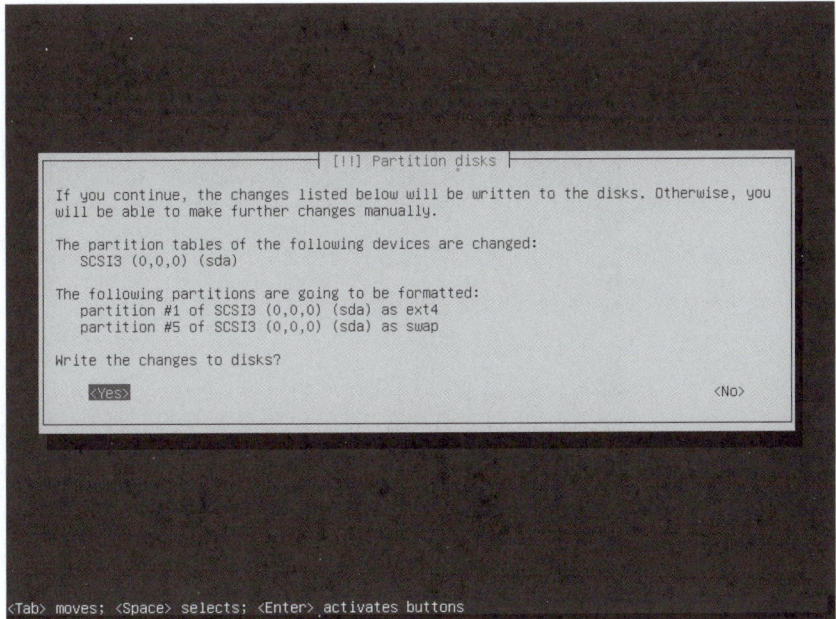

图2-47　写入磁盘分区

（20）是否使用其他镜像，如图2-48所示。

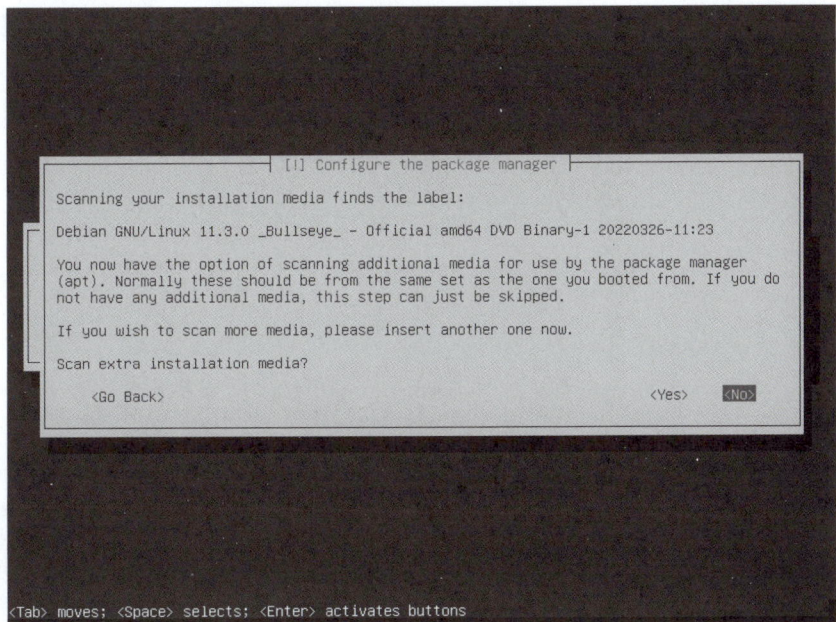

图2-48　是否使用其他镜像

（21）是否使用网络镜像，如图2-49所示。

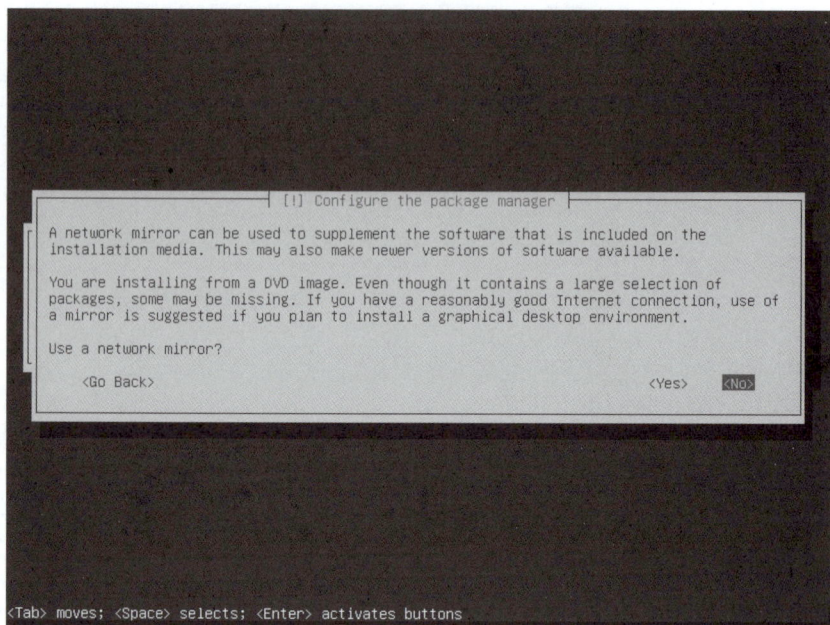

┌────────┤ [!] Configure the package manager ├────────┐

A network mirror can be used to supplement the software that is included on the
installation media. This may also make newer versions of software available.

You are installing from a DVD image. Even though it contains a large selection of
packages, some may be missing. If you have a reasonably good Internet connection, use of
a mirror is suggested if you plan to install a graphical desktop environment.

Use a network mirror?

　　<Go Back>　　　　　　　　　　　　　　　　　　　　　　　<Yes>　　<No>

`<Tab> moves; <Space> selects; <Enter> activates buttons`

图2-49　是否使用
网络镜像

（22）是否参与软件流行度调查，如图2-50所示。

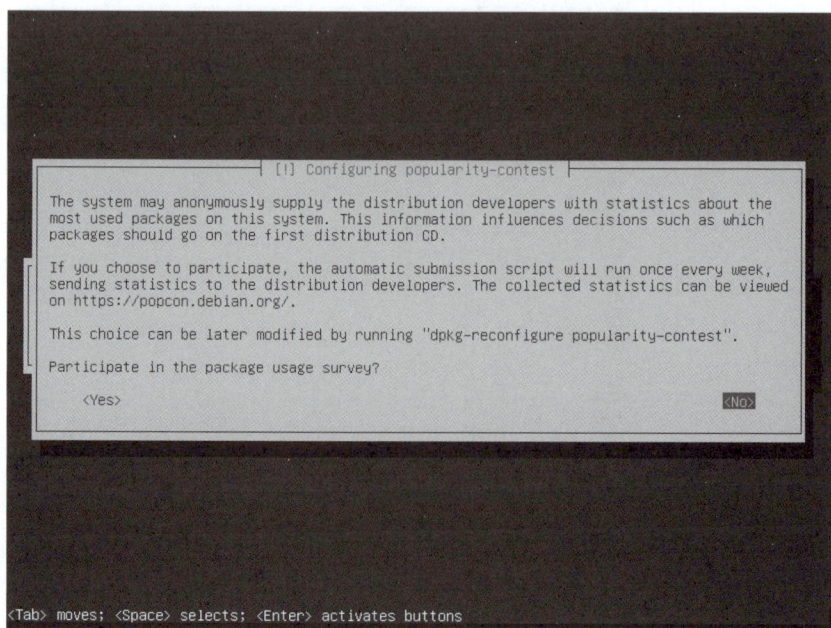

┌────────┤ [!] Configuring popularity-contest ├────────┐

The system may anonymously supply the distribution developers with statistics about the
most used packages on this system. This information influences decisions such as which
packages should go on the first distribution CD.

If you choose to participate, the automatic submission script will run once every week,
sending statistics to the distribution developers. The collected statistics can be viewed
on https://popcon.debian.org/.

This choice can be later modified by running "dpkg-reconfigure popularity-contest".

Participate in the package usage survey?

　　<Yes>　　　　　　　　　　　　　　　　　　　　　　　　　　<No>

`<Tab> moves; <Space> selects; <Enter> activates buttons`

图2-50　是否参与
软件流行度调查

（23）选择将要安装的软件包，如图2-51所示。

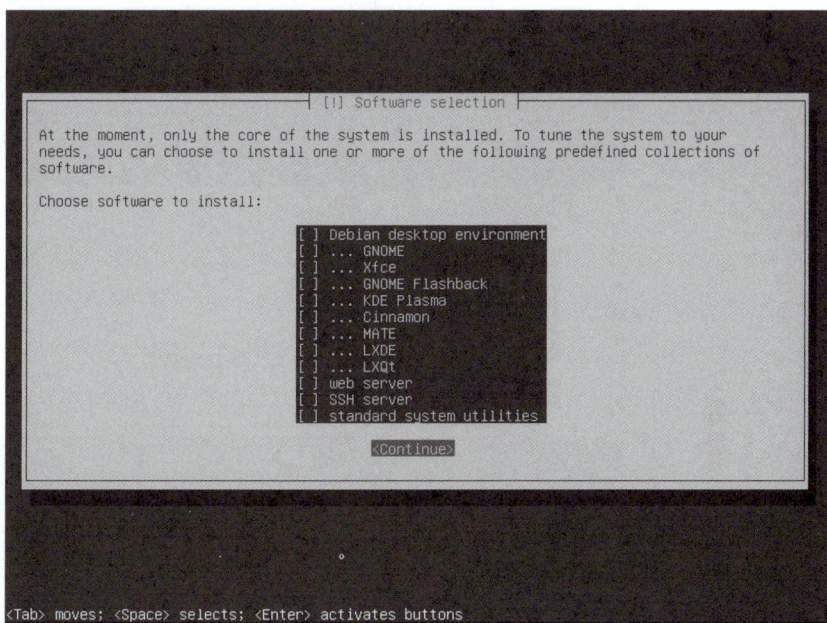

图2-51　选择安装的软件包

（24）安装GRUB引导程序，如图2-52所示。

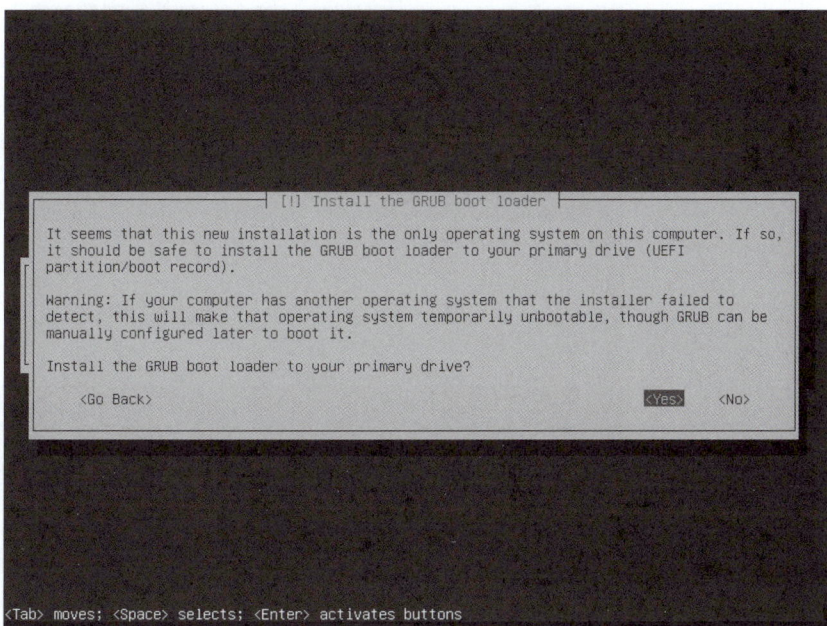

图2-52　安装GRUB引导程序

（25）选择GRUB程序安装位置，如图2-53所示。

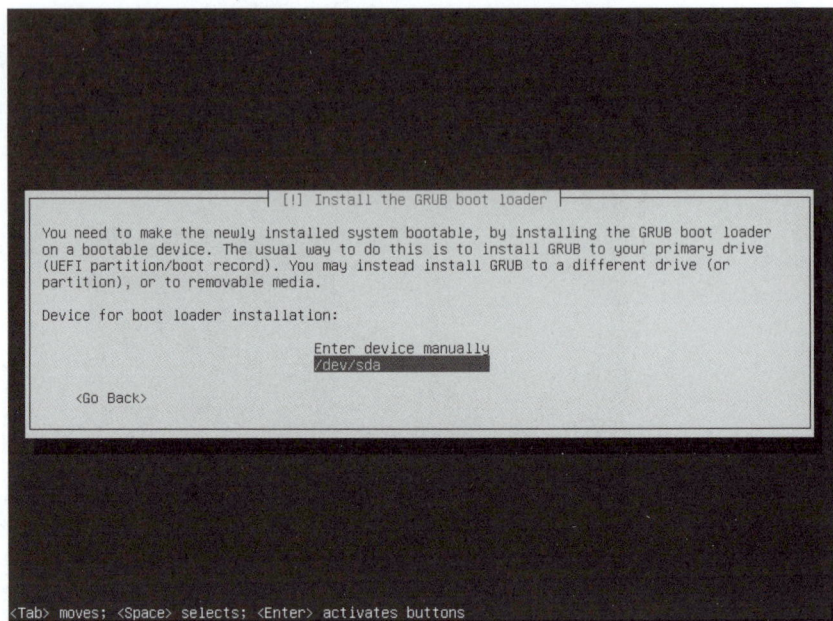

图2-53　选择GRUB
程序安装位置

（26）系统安装完成，如图2-54所示。

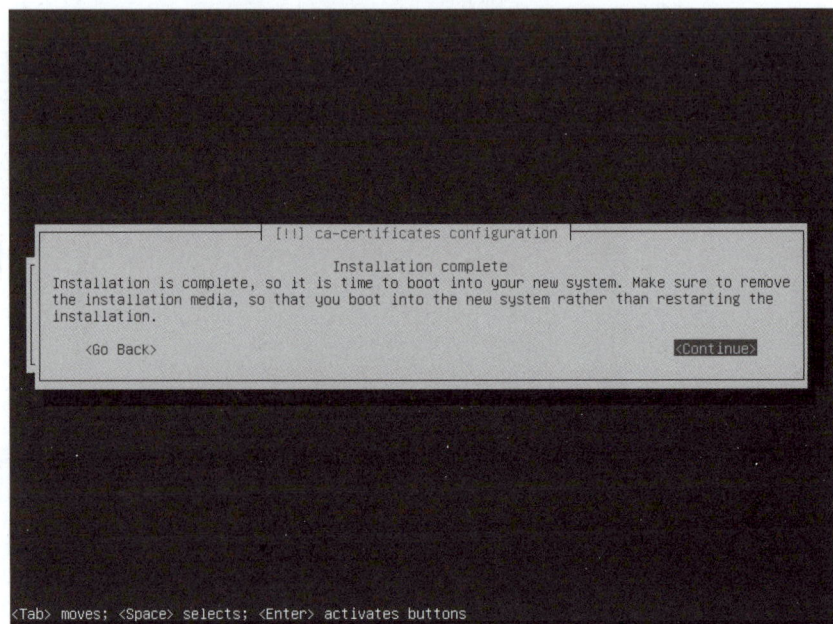

图2-54　系统安装
完成

（27）重启系统，如图2-55所示。

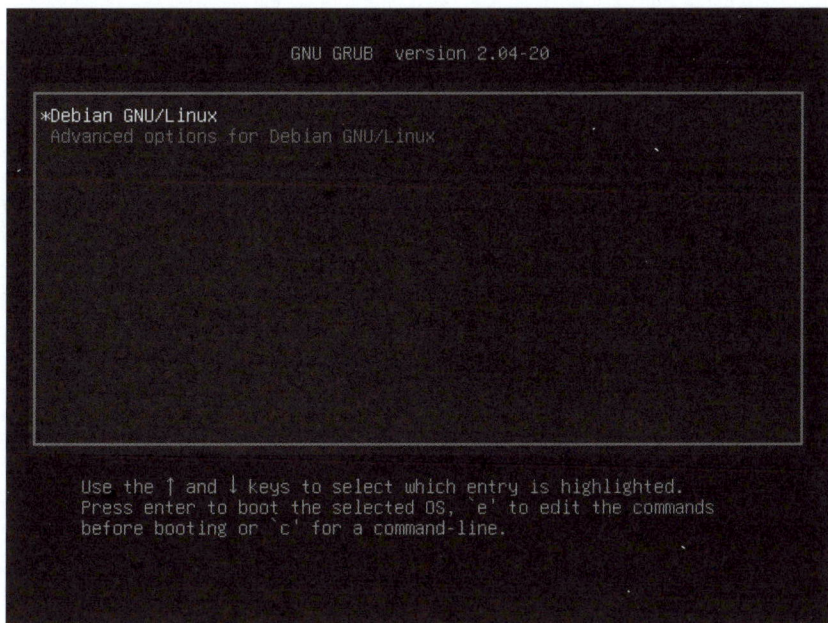

图2-55 重启系统

（28）用户登录界面，如图2-56所示。

图2-56 用户登录
界面

五、任务总结

安装系统是部署一个业务应用的起点，也是应用架构的基础。所以
提前合理地规划，对于安装细节的理解会使用整个工作得心应手，减少
以后使用系统中碰到不必要的麻烦。而能应对不同的机房环境、服务器
设备、安装介质、安装要求，并能解决安装过程中出现的问题，则需要
在以后的学习，对 Linux 系统体系结构更加深入了解后，通过反复实
践和经验的积累进行加强。

随着学习的深入和工作实践，以后在部署 Linux 系统时，要尽量考虑到安全性、稳定性、可扩展性，最大限度发挥系统软硬件性能，以及最优的性价比等多方面因素。

本任务重点

（1）使用图形界面安装 Debian 系统。

（2）使用文本界面安装 Debian 系统。

六、任务实践

（一）巩固练习

1. 安装桌面 Debian 系统的要求

（1）使用图形界面安装向导。

（2）选择中文安装语言。

（3）安装 Gnome 桌面环境。

2. 安装服务器 Debian 系统的要求

（1）使用文本界面安装向导。

（2）选择英文安装语言。

（3）安装最小化的系统。

（二）综合项目

在虚拟机中，安装两个 Debian 系统。一个作为服务器，另一个作为客户端，确保两个系统的网络能联通。完成后分别建立虚拟机关机快照。

（三）技能拓展

下载并使用 DLBD 全功能的 Debian 系统镜像。

登录 Debian 系统

一、任务描述

Linux 系统管理以其功能强大且灵活的命令行界面为特色，对于多数服务器应用场景不需要图形界面，且管理员通常选择不安装图形界面以节省系统内存。但我们仍有必要了解 Linux 图形环境，原因是有时候使用图形工具能更轻松更标准地完成某些操作，而且系统管理员也可能要为图形用户提供支持。

二、任务目标

（一）知识目标

（1）认识 Debian Linux 系统的 GNOME 桌面环境。

（2）使用 GNOME 图形工具配置系统。

（3）理解对于系统关键属性更改时需要管理员权限。

（二）能力目标

（1）能够熟练使用GNOME桌面环境及各项配置。

（2）能够通过用户提权进行系统配置。

（3）树立分级账号管理的安全意识。

三、基本原理

GNOME是Debian Linux的默认图形桌面环境。GNOME是一个完全由自由软件组成的桌面环境。它的目标操作系统是Linux，但是大部分的BSD系统亦支持GNOME。它在图形框架（由X Window System提供）之上为用户提供了颇具吸引力的集成桌面和统一开发平台。GNOME桌面环境包含集成应用程序（如文件管理器、文本编辑器等），以及系统图形管理工具。要使用GNOME桌面环境，必须在系统安装时勾选相应的桌面环境（或安装完系统后额外安装）。

（一）GNOME 的发展历史

1. GNOME 1

1996年KDE发布，但KDE所依赖的Qt当时并未使用GPL许可。出于这种考虑，两个项目在1997年8月发起：一个是作为Qt库替代品的Harmony，另一个就是创建一个基于非Qt库的桌面系统，即GNOME项目。GNOME的发起者为米格尔·德伊卡萨（Miguel de lcaza）和费德里科·梅纳（Federico Mena）。

GIMP Toolkit（GTK+）被选中作为Qt toolkit的替代，担当GNOME桌面的基础。GTK+使用LGPL，允许链接到此库的软件（如GNOME的应用程序）使用任意许可协议。GNOME计划的应用程序通常使用GPL许可证。

在GNOME得到普及后，1999年Qt加入GPL许可。Troll Tech在GNU GPL和QPL双重许可证下发布了Unix版的Qt库。Qt加入GPL许可后，在2000年年底Harmony项目停止了开发，而KDE不再依赖非GPL的软件。2009年3月，Qt 4.5发布，加入了LGPL许可作为第三选择。

GNOME 这个名称最初是 GNU Network Object Model Environment 的缩写，以反映最初为了开发类似微软对象链接与嵌入的框架。但这个缩写最后被放弃，因为它不再反映 GNOME 项目的远景。

加州初创企业 Eazel 公司于 1999 年至 2001 年开发 Nautilus 文件浏览器。米格尔·德伊卡萨和纳特·弗里德曼于 1999 年创立后来成为 Ximian 的 Helix Code 公司。该公司开发了 GNOME 的基础设施和软件，2003 年被 Novell 收购。

2. GNOME 2

GNOME 2.32（2010 年 9 月）是最后一版的 GNOME 2，运行于 Ubuntu 10.10。

GNOME 2 与传统桌面界面十分相似，拥有一个用户可以与不同例如窗口、图标、文件等虚拟对象交互的桌面环境。GNOME 2 使用 Metacity 为它的默认窗口管理器。GNOME 2 的窗口、程序和文件管理和一般的桌面操作系统十分相似。在默认的设置中，桌面有一个启动菜单，可以用以开启已安装的程序及文件；已存在的窗口在下方的任务栏列出；而在右上角则有一个通知区以显示在背景运行的程序。不过，这些功能可以随用户喜好而更改位置、取代或移除。

3. GNOME 3

在 GNOME 3 之前，GNOME 是根据传统的桌面比拟而设计，但在 GNOME 3 便被 GNOME Shell 所取代，所有转换窗口及虚拟桌面都在"活动"画面中进行。此外，因为 Mutter 取代了 Metacity 成为默认的窗口管理器，最小化及放大按钮不再默认在名称列中。Adwaita 取代了 Clearlooks 成为默认主题。很多 GNOME 核心程序都重新设计以提供更连贯的用户体验。

这些重大的改变最初引来了广泛的批评。MATE 桌面环境项目由 GNOME 2 的原始码派生，目标为保留 GNOME 2 的传统界面，同时支持最新的 Linux 技术，例如 GTK+3。Linux Mint 团队则以开发 Mint GNOME Shell Extensions 一系列于 GNOME 3 上执行之插件解决此问题，这些插件使 GNOME 3 的界面变回传统比拟界面。最后，Linux Mint 决定从 GNOME 3 的源代码派生另外一个桌面环境 Cinnamon。

截至 2015 年，对 GNOME 3 的整体评价已大致转为正面。Linux 发行版Debian于GNOME 3发布时把XFCE改成默认的桌面环境，但在Debian 8已改回默认使用GNOME 3。Linux创始者林纳斯·托瓦兹于2013年已改回使用GNOME 3。

4. GNOME 40

GNOME 40 与 GTK 4.0 于2021年3月同时发布。用户概览界面改为水平界面，与以往 Gnome 3.X 的垂直界面不同。Dash 方向也由垂直改为水平，并且新发布版本也引进新的触摸板手势。

5.版本

组成 GNOME 计划的每一部分都有自己的版本号和发布规划，通过各模块的维护者之间的定期协调（六个月），创建一个完整的 GNOME 发布版本。之后的发布版本列表分类属于稳定版。提供给测试和开发者的不稳定版本并未列入。

Gnome 3.38 之后版本采用新编号方式，推出 Gnome 40，下个版本将是 Gnome 41，Gnome 40 稳定版发行后以40.1、40.2、40.3等来发布更新。

（二）GNOME的设计

GNOME的目标是要简单易用。

1. GNOME Shell

GNOME Shell 是 GNOME 桌面环境的默认用户界面。它的上方有一条面版，里面有（由左至右）"活动"按钮、正使用程序的菜单、时钟及一个系统菜单。程序菜单显示当前使用程序的名称及提供例如程序设置、关闭程序等的选项。状态栏有代表电脑不同状态的图标、系统设置的快捷方式，以及退出、转换用户、关机的选项。

按下"活动"按钮、把鼠标移动至左上角或按下超级键会进入"活动"画面。"活动"画面让用户纵览现时在执行的程序，以及让用户转换窗口、桌面和执行程序。左边的Dash面版里面有最爱程序的快捷方式、所有正在执行程序的图标及往所有已安装程序列表的按钮[40]。在上方出现一个搜索框及右边有一个列出所有桌面的桌面列。通知在按下上方中央的时钟后的列表内。

2. GNOME Classic

从 GNOME 3.8 起，GNOME 提供一个经典模式，提供一个较传统的接口（类似 GNOME 2）。

> **注意**
>
> 　　除了 GNOME，Linux 系统采用的桌面环境还有 KDE、XFCE、MATE、LXDE 等。

四、操作案例

（一）登录 Debian 的 GNOME 桌面

当启动 Debian 11 系统完成后，系统停留在等待用户登录的界面，如图 3-1 所示。

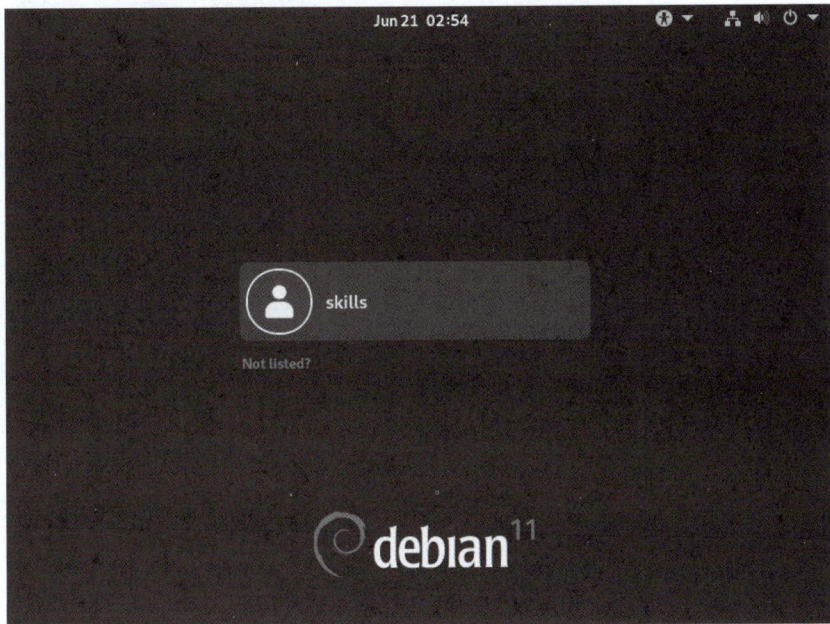

图 3-1　用户登录界面

本书关于 GNOME 的术语描述大多来自 GNOME 的帮助文档，可以通过访问 "Activities" →左侧应用栏的 "Help" 来获得 GNOME 帮助文档的详细内容。

该界面相应的组件功能指引用户的下一步操作：

1.登录窗口

选择需要登录的用户按钮，单击后弹出要求输入密码的输入框，输入正确的密码后按Enter即可登录系统。登录窗口的"Not listed？"选项提供用户手动输入不在用户列表中显示的用户名的功能（root用户默认不在列表中显示）。

2.顶部面板

分别是"当前日期""通用访问首选项""声音调节和系统关机或重启按钮"。

用户登录成功后，则进入图3-2所示的GNOME桌面环境。

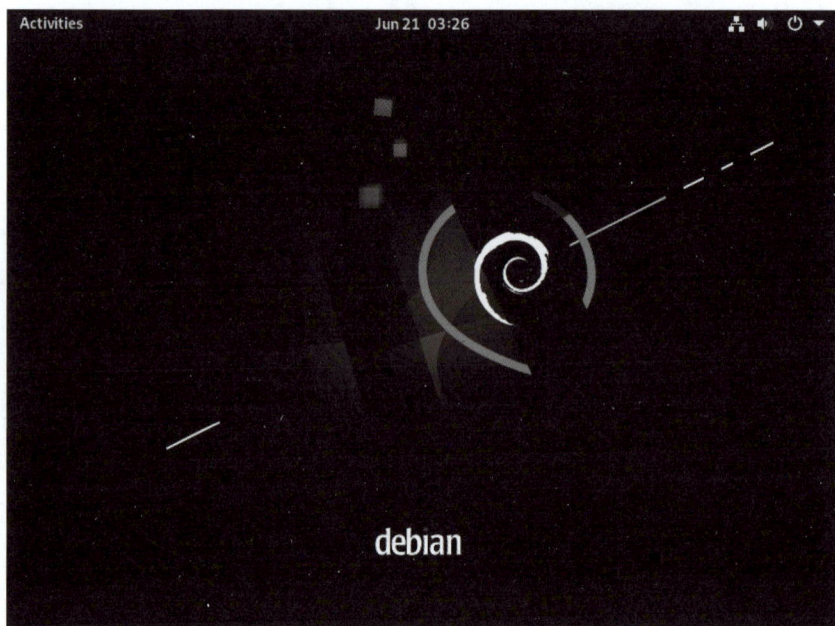

图3-2　GNOME桌面

（二）配置Debian 11的显示分辨率和多显示器

1.配置Debian的显示分辨率

首先配置显示分辨率，以达到最优的屏幕显示效果。通常Debian 11系统安装好后会自动识别显卡和显示器，并设置最佳的分辨率，但仍然允许用户自己调整合适的屏幕分辨率。单击"Settings"→"Displays"（图3-3），可以调整分辨率。

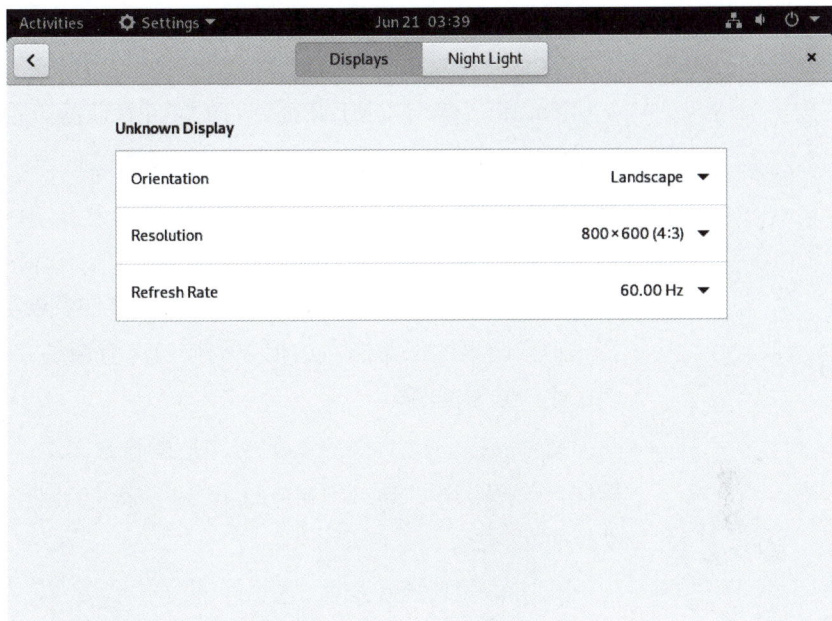

图3-3　显示选项卡

2.改变显示器的方向

图3-3所示的"显示选项卡"的界面中提供了旋转显示器的设置，可以通过旋转来设置屏幕显示的方向。这对运行一些倒置放置的显示器有用。

3.配置多个显示器

Debian 11允许将屏幕显示投影（扩展）到多个显示器上。当连接到多个显示器时，系统会自动显示多个显示器，拖动显示器的标识来设定它们的前后位置。

（三）结束当前会话

当使用完电脑后，可以选择下面的动作之一：

注销以允许其他用户使用。要从GNOME注销，选择单击右上角的按钮，然后单击"Power Off/Log Out"→"Log Out"。

关闭计算机并切断电源。要关闭计算机，选择单击右上角的按钮，然后单击"Power Off/Log Out"→"Power Off..."，然后在弹出来的对话框里单击"Power Off"按钮。

（四）文件管理操作

Nautilus是GNOME桌面附带的文件管理器。通过Nautilus，你可以了解文件系统、创建文件和文件夹、查看文件属性，以及处理文件和文件夹（复制、删除、移动、剪切、粘贴等）。

1.使用Nautilus管理本地文件夹

默认情况下，文件和文件夹由图标和文件名表示（图标试图）。单击右上方向下的三角形左边相邻的按钮可将像是方式更改为"列表视图"或"紧凑试图"。

文件名以句点（.）开头的文件是指隐藏文件。单击右上方的三条横杠，选择点击"Show Hidden Files"来显示出当前文件夹中的隐藏文件或文件夹。

2.Linux文件系统层次结构

Linux的文件系统层次结构遵从FHS标准，有着统一的目录组织结构，但实际上各个发行版会略有差异。

文件系统层次结构标准（Filesystem Hierarchy Standard，FHS）定义了Linux操作系统中的主要目录及目录内容。FHS由Linux基金会维护，这是一个由主要软件或硬件供应商组成的非营利组织，如HP、Red Hat、IBM和Dell。多数Linux发行版遵从FHS标准并且声明其自身政策以维护FHS的要求。

在FHS中，所有文件和目录都出现在根目录"/"下，即使它们存储在不同的物理设备中，如图3-4所示。但是请注意，这些目录中的一

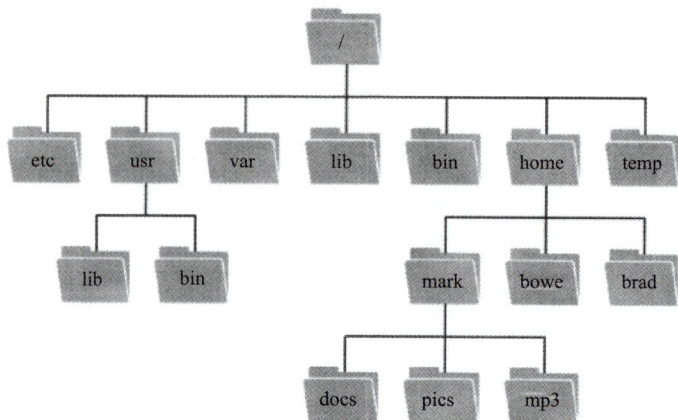

图3-4　Linux文件系统结构

些可能或可能不会在 Unix 系统上出现，这取决于系统是否含有某些子系统，如 XWindow 系统的安装与否。

Debian 11 中根目录下的第一层目录解析见表 3-1。

表 3-1　根目录解析

目录	说明
/bin	用于存放系统命令的目录之一。特点是 /bin 存放的是在单用户模式下使用的命令，面向所有用户
/boot	存放引导程序文件，如 kernel、initrd。通常需要单独的分区
/dev	设备文件目录。在 Linux 系统上，任何设备都以文件的形态呈现
/etc	系统配置文件目录
/home	普通用户的家目录。一般为单独的分区
/lib	/bin 和 /sbin 中二进制文件必要的库文件。还包含系统启动时的库文件
/lost+found	这个目录一般情况下是空的，当系统非法关机后，这里就存放了一些文件
/media	自动加载的可移动设备挂载目录
/misc	autofs 服务挂载目录
/mnt	临时挂载目录，一般手动挂载时使用
/net	autofs 服务挂载目录（用于使用 IP 访问共享主机所有的共享目录）
/opt	可选的第三方软件安装存放目录
/proc	虚拟文件系统，将内核与进程状态归档为文本文件存放
/root	超级用户的家目录
/sbin	必要的系统命令存放目录。设计只有 root 才能运行系统命令
/selinux	增强安全的 selinux 的单独目录
/srv	某些网络服务取用数据目录
/sys	虚拟文件系统，主要记录与内核相关的信息，如设备信息和内核模块信息
/tmp	临时目录。设计为系统重启后目录中的文件会被删除
/usr	Unix Software Resource 的缩写，存放系统组件和应用程序的主要目录
/var	主要存放经常变动的文件，比如日志，缓存，以及服务的应用数据等

注意

作为前瞻，可以查阅相关资料了解挂载点（挂载目录）的概念。

3. 在 Nautilus 中访问远程文件系统

如果有网络连接，Nautilus 可以显示可远程访问的 FTP、SSH、Windows 共享及其他类型服务器中的文件和文件夹。单击菜单"Other

Locations"→"Connect to Server"，在弹出的对话框中选择服务器的类型，并填写相应的验证信息（或匿名）登录。

以SSH方式远程访问另一台服务器的文件夹为例。

（1）在"Connect to Server"的对话框中输入"ssh：//192.168.135.169"并单击Connect，如图3-5所示；"用户名"一栏填写你被远程服务器授权访问的账号信息，单击"连接"。

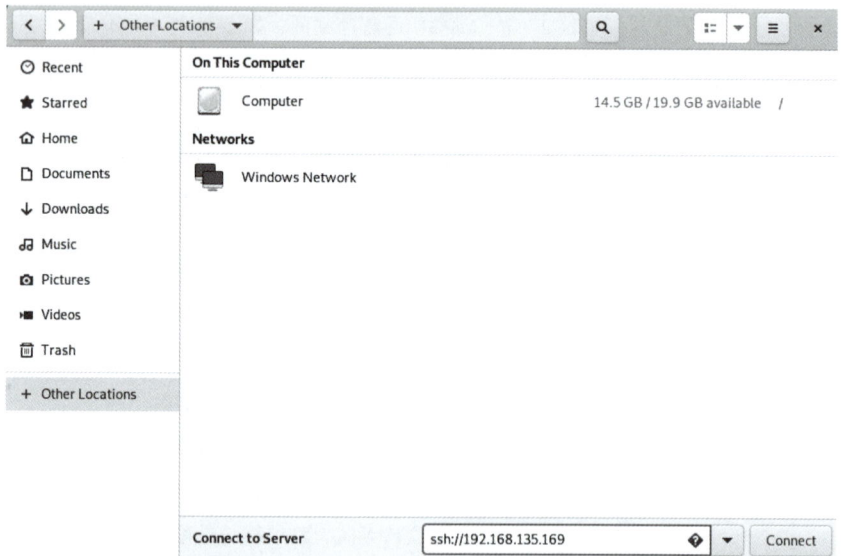

图3-5　连接到服务器

（2）在弹出的对话框中输入"Username"一栏填写你被远程服务器授权访问的账号信息并且输入该用户的密码，如图3-6所示，单击"Connect"继续。

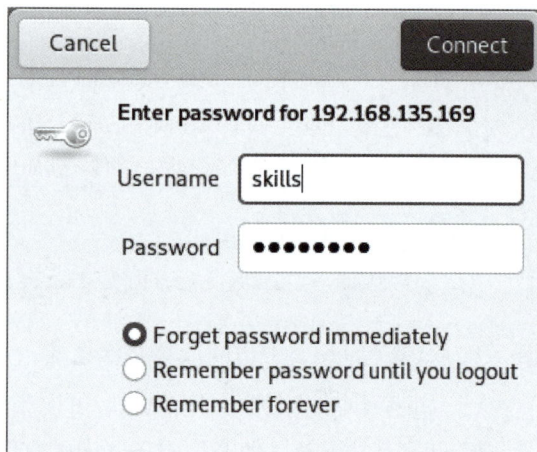

图3-6　输入用户名与密码

（3）连接后，在"文件浏览器"的窗口中会显示在远程服务器"192.168.135.169"上的文件，如图3-7所示。

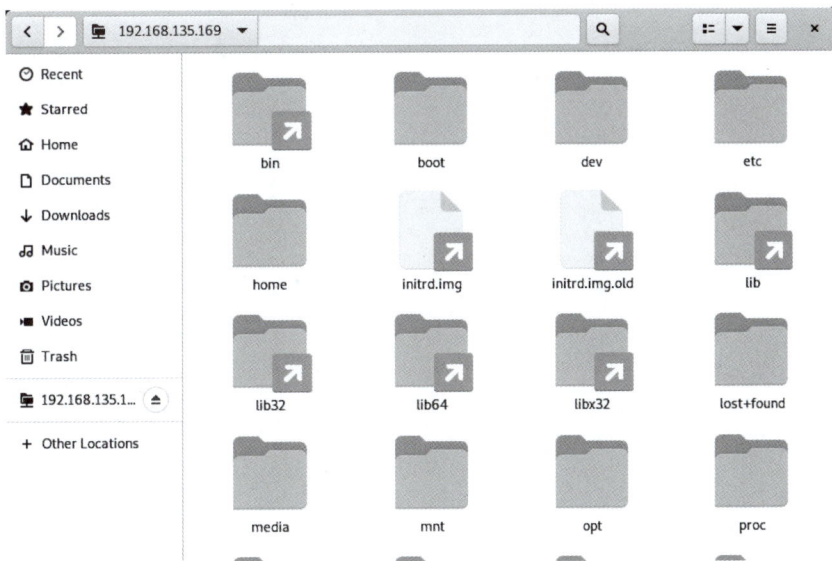

图3-7 访问远程文件系统

（五）通过gedit编辑文件

Linux设计的原则之一是基于文本配置文件。使用简单的文本编辑器就可以对大多数程序进行设置、修复等工作，而不需要特殊的配置工具。因此，了解如何在Linux中编辑文本文件非常重要。

gedit文本编辑器是用于编辑文本的图形工具。通过单击"Activities"→左方最下面的"Show Applications"→"Text Editor"可以启动gedit编辑器窗口，如图3-8所示。

（六）使用配置工具查看和更改系统设置

任何在运行中的系统都要保证系统时间的准确。Debian可以通过手动调整时间或通过Network Time Protocol（NTP）与时间服务器同步时间，同时需要设置正确的系统时区。设置系统时间可以通过图形界面"日期和时间属性"工具设置，也可以通过命令行进行设置，这里先介绍图形界面下的操作。

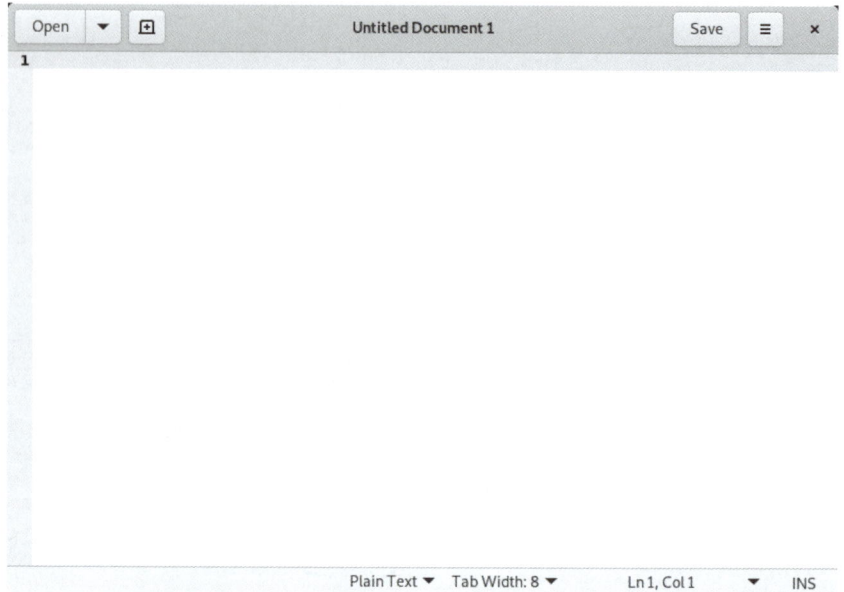

图3-8　gedit工作窗口

（1）单击选择"Settings"→"Date & Time"打开系统时钟配置工具。因为普通用户没有对系统修改的权限，所以你需要单击右上角的"Unlock"输入管理员的密码授权解锁，如图3-9所示。

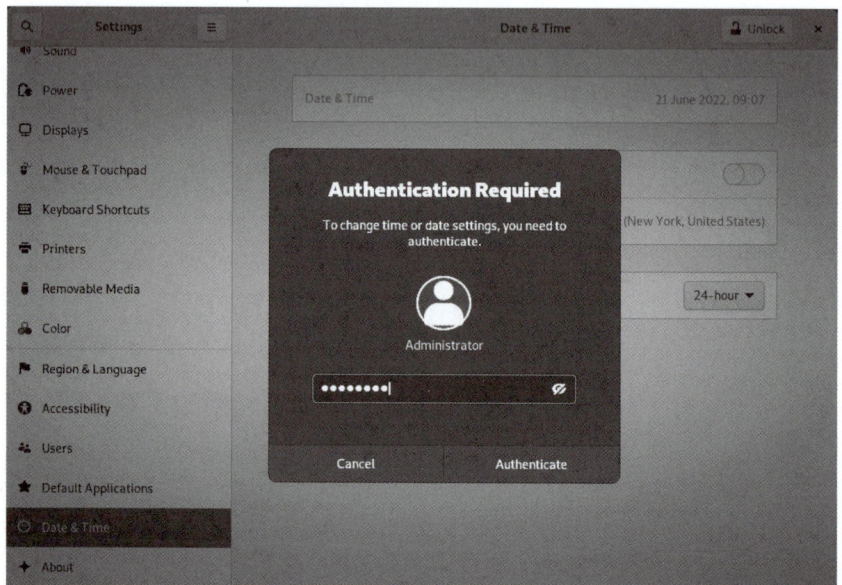

图3-9　root授权

（2）在图3-10所示的"Date & Time"对话框中手动调整日期和时间。

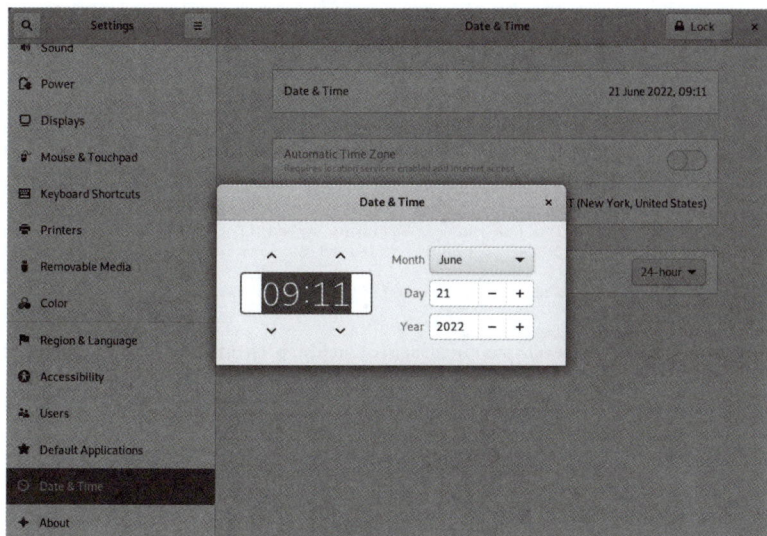

图3-10　设置日期和时间

如果想要自动同步时间，则需要安装软件包systemd-timesyncd，否则对话框中不会出现"Automatic Date & Time"，如图3-10所示。在Debian新版系统中默认不安装systemd-timesyncd时间同步服务。

如果勾选图3-11所示中的"Automatic Date & Time"，则表示使用NTP与时间服务器进行时间同步，同时还需要在"/etc/systemd/timesyncd.conf"中自定义时间服务器的IP或者域名，以空格作为分隔符，如图3-12所示。与时间服务器同步时间需要本机能连接到外部网络。

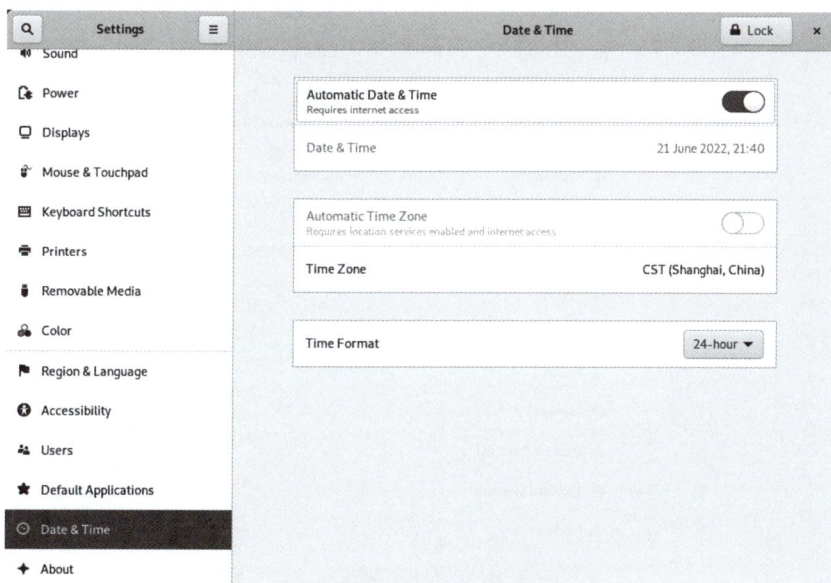

图3-11　在网络上同步时间①

```
# This file is part of systemd.
#
# systemd is free software; you can redistribute it and/or modify it
# under the terms of the GNU Lesser General Public License as published by
# the Free Software Foundation; either version 2.1 of the License, or
# (at your option) any later version.
#
# Entries in this file show the compile time defaults.
# You can change settings by editing this file.
# Defaults can be restored by simply deleting this file.
#
# See timesyncd.conf(5) for details.

[Time]
NTP=cn.pool.ntp.org cn.ntp.org.cn ntp.aliyun.com ntp.tencent.com
#FallbackNTP=0.debian.pool.ntp.org 1.debian.pool.ntp.org 2.debian.pool.ntp.org 3
.debian.pool.ntp.org
#RootDistanceMaxSec=5
#PollIntervalMinSec=32
#PollIntervalMaxSec=2048
~
~
~                                                              19,24        All
```

图3-12　在网络上同步时间②

（3）在图3-13所示的"Time Zone"对话框中配置正确的时区。UTC是指协调世界时，又称世界标准时间或世界协调时间，是最主要的世界时间标准，其以原子时秒长为基础，在时刻上尽量接近于格林尼治时间（Greenwich Mean Time，GMT）。本地时间则由UTC时间加上或减去时区时差得到，如中国就称为UTC+8。

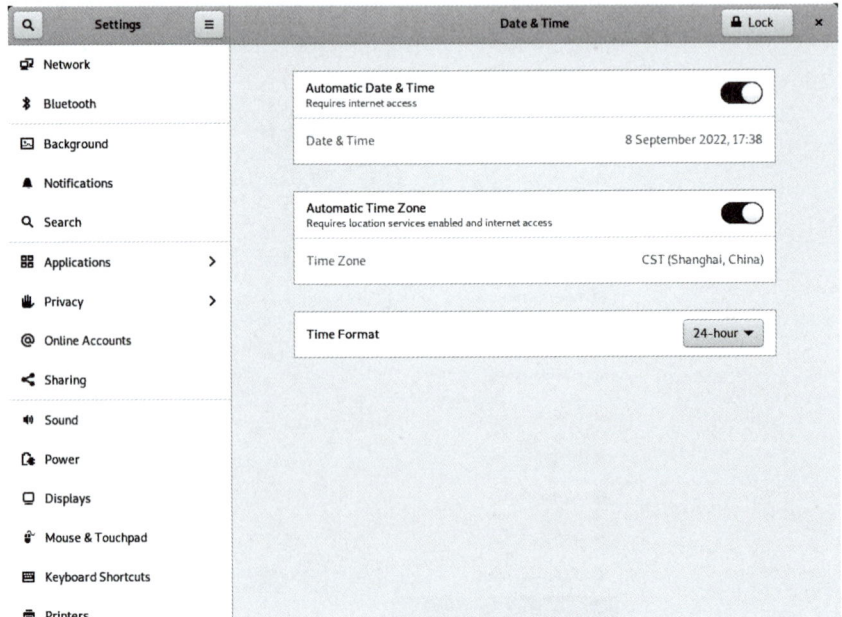

图3-13　设置时区

如果想要自动同步时区，则需要确保location services位置服

务是开启的，否则将无法在对话框中开启自动同步时区。单击选择
"Settings" → "Privacy" → "Location Services" 右上角的按钮开启
服务，如图 3-14 所示。开启位置服务后返回开启自动同步时区即可，
如图 3-15 所示。要同步时区需要连接外部网络的支持。

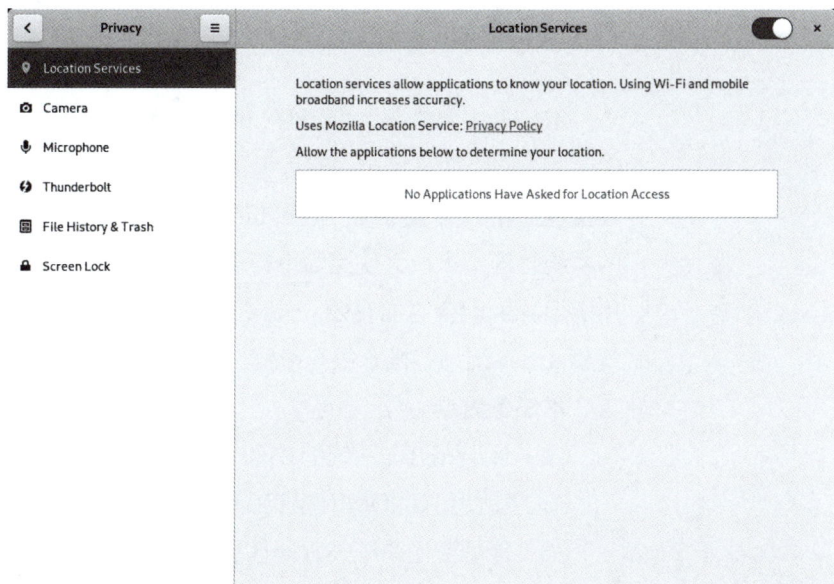

图3-14　在网络上
同步时区①

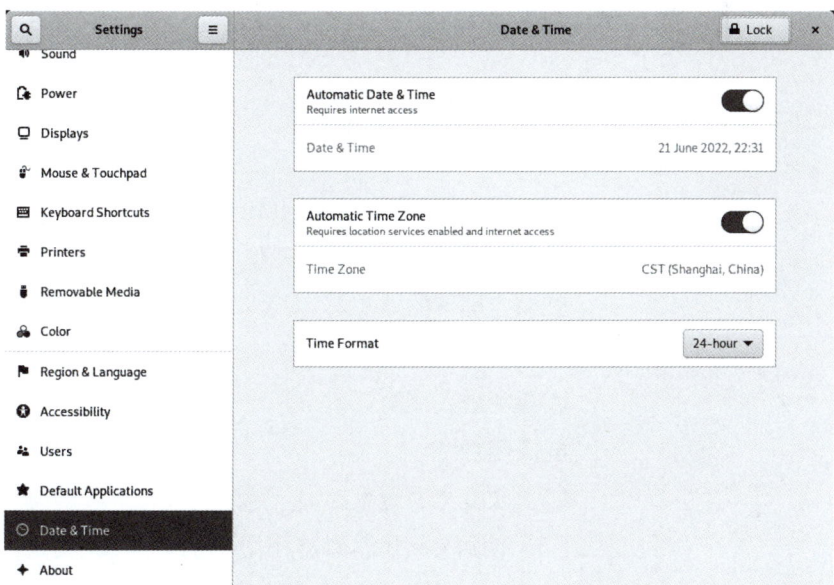

图3-15　在网络上
同步时区②

> **注意**
> 1. 使用命令行对时间的设置将在后面的任务涉及。
> 2. 理解实例中的root管理权限在应用中的授权动作。

五、任务总结

本任务主要带领大家了解Linux桌面环境GNOME的工作方式。在GNOME的桌面环境中还有大量的实用工具和应用程序，能帮助我们更轻松地使用和管理系统。虽然Linux有强大的命令行功能，且对于熟练的系统管理员来说，使用命令行来控制系统更为直接，但在必要时，使用图形界面配合更加有效。如果刚开始使用Linux，使用图形界面对了解Linux系统某些概念很有帮助。

本任务重点

（1）认识RHEL系统的GNOME桌面环境。

（2）能使用GNOME图形工具配置系统。

（3）理解对于系统关键属性更改时需要管理员权限。

六、任务实践

（一）巩固练习

（1）登录Debian的GNOME桌面。

①使用普通用户和其密码登录。

②锁定屏幕的操作。

③注销当前用户。

④重新进入桌面。

⑤关闭系统。

（2）改变桌面背景。

（3）使用gedit编辑器在用户主文件夹中创建一个文本文件（如student.txt），并编辑该文件的内容后保存。

（4）使用Nautilus管理本地文件。

①打开用户的主文件夹，在该目录下创建一个名为 targetdir 的文件夹。

②将文件系统下，boot 目录 /grub 目录下的 device.map 复制到刚刚创建的 targetdir 目录中。

③在用户的主文件夹中创建指向 targetdir 目录下的 device.map 的链接文件，打开链接文件查看文件内容。

④删除实验新建（复制）的文件和文件夹，并从回收站彻底删除。

（5）设置系统的时间和时区。

（二）综合项目

（1）修改当前用户密码。

（2）创建一个新的用户，并在两个用户间切换登录。

（3）配置系统的网络连接，能够访问同一网段内的其他机器（或能访问外网）。

（4）使用 Nautilus 访问远程共享文件夹（如网络内的 FTP 服务器、NFS 服务器、SMB 服务器、Windows 共享服务器或 SSH 其他 Linux 服务器）。

（5）阅读系统图形界面下的帮助文档或访问 Debian 在线文档获得帮助解决上述问题。

（三）技能拓展

安装使用其他桌面环境 KDE、XFCE、MATE、LXDE 等。

Linux命令行技术

一、任务描述

在学习和使用Linux系统的过程中，Shell命令行是非常重要的组成部分。虽然图形桌面环境如GNOME提供了一个友好的操作界面，但在实践中，Shell命令行提供了更多的功能，更好的灵活性，以及自动化和批量处理的能力，可以简化或实现那些使用图形工具难以有效完成的操作。Shell环境还提供了在Linux服务器无法使用图形界面交互的可能，例如在系统非正常启动的情况下，或基于字符界面的远程连接管理。

Debian Linux中的默认Shell是Bash。

二、任务目标

（一）知识目标

（1）认识什么是 Shell。

（2）使用 Shell 命令行。

（3）认识 Bash 命令的格式。

（4）认识 Bash 命令行的快捷键。

（5）掌握获得命令的帮助信息。

（6）编写 Bash 脚本。

（二）能力目标

（1）能够熟练运用 Bash 命令行技术。

（2）能够使用 Bash 编写简单脚本。

（3）培养勇于探索的钻研精神。

（4）培养求真务实的工作素养。

三、基本原理

（一）什么是 Shell

Linux（or Unix）中 Shell 也叫作命令行界面，它是 Linux/Unix 操作系统下传统的用户和计算机的交互界面。用户直接输入命令来执行各种各样的任务。普遍意义上的 Shell 就是可以接受用户输入命令的程序。它之所以被称作 Shell，是因为它隐藏了操作系统底层的细节。Linux 操作系统下的 Shell 既是用户交互的界面，也是控制系统的脚本语言。

在 Linux 系统中被广泛使用的 Shell 是 Bash，在 1987 年由布莱恩·福克斯（Brian J.Fox）为了 GNU 计划而编写。1989 年发布第一个正式版本，原先是计划用在 GNU 操作系统上，但能运行于大多数类 Unix 系统的操作系统之上，包括 Linux 与 Mac OS X v10.4 都将它作为默认 shell。在 Novell NetWare 与 Android 在上也有移植。

除此之外，Shell 还有 ash、dash、ksh、zsh、csh、tcsh 等。

（二）认识 Bash 命令的格式

在 Shell 提示符下面输入的命令由三部分组成：命令、选项、参数，即：

command [-options] [parameter1] [parameter2] ……

示例：执行 ls 命令，-l -r 是短选项，--size 是长选项 /boot 是命令执行的参数。

```
$ ls -l —size -r /boot
```

Bash 命令至少有如下特点：

（1）一条命令必须是以可执行的命令开头，以空格隔开；选项是可选的，但在大多数情况下被使用以满足用户的功能定制要求；参数一般是命令要操作的对象，一条命令的参数可以是一个或多个，没有参数则取命令参数默认值。输入完命令后按"Enter"键执行。

（2）"-"后面接简写的选项（字母），可以把多个简写的选项串在一起，不过有时要注意顺序；长选项（由单词或单词缩写组成）用"--"分隔。选项也可以有自己的参数，如"--width=40"。

（3）命令中间的空格不论几格，Bash 都视为一格，命令太长时用"\"转义"Enter"，使用命令可以换行继续输入。

（4）Linux 命令严格区分大小写。

（5）在大部分情况下，对于命令执行的结果，"No news is good news！"。

（6）Tab 键补全命令和路径。

（7）Bash 具有历史命令功能（history）。

（8）命令可以使用别名的形式（alias）。

（9）有大量的快捷键可以使用。

（10）有完善的帮助文档。

下面详细解释 Bash 的部分重要功能。

1. 命令行 Tab 键补全功能

Tab 补全功能允许您在提示符下键入足够的内容，使其唯一后，可快速补全命令和文件名。如果键入的字符匹配到的命令或文件名不唯一，则按 Tab 键两次，会显示所有以键入的字符开头的命令或文件名的情况。Tab 补全功能可以提高命令的输入速度，且可以判断输入的命令或文件名的正确性。

示例：使用两次 Tab 键显示以 pas 开头的命令。

```
$ pas<Tab><Tab>
passwd      paste
```

示例：使用 Tab 键自动补全命令 passwd。

```
$ pass<Tab>
$ passwd
```

示例：使用 Tab 键自动补全路径。

```
$ ls /etc/netw<Tab>/in<Tab>
$ ls /etc/network/interfaces
```

2. Bash 历史记录功能

Shell 历史记录允许您查看之前运行过的命令并对其进行编辑或再次执行。使用 history 命令查看所有之前的命令，或者使用上箭头和下箭头一次滚动浏览一个历史记录命令。历史记录命令的输出包含数字值。在感叹号（！）后面使用该数字可以再次运行该命令。在感叹号后面使用非数字值则运行最后一个以这些字符开头的命令。

示例：使用 history 命令显示当前会话所有的历史命令。

```
$ history
   1  su -
   2  cd
   3  pwd
   4  su -
   5  history
```

示例：执行编号为 3 的历史命令 pwd。

```
$ ! 3
```

3.使用命令别名

对于一些较长的命令执行格式或者命令组合，而又经常使用的，可以使用定义别名的方式进行定义，减少反复较长的输入。使用 alias 命令可以显示和定义别名，使用 unalias 取消命令别名。除非将别名的定义写入用户的配置文件，否则别名只在当前会话中有效。

示例： 显示当前会话所有别名。

```
$ alias
alias l.='ls -d .* --color=auto'
alias ll='ls -l --color=auto'
alias ls='ls --color=auto'
alias vi='vim'
alias which='alias | /usr/bin/which --tty-only --read-alias --show-dot --show-tilde'
```

示例： 自定义别名 p2。

```
$ alias p2='ping -c 3 192.168.148.2'
$ p2
PING 192.168.148.2（192.168.148.2）56（84）bytes of data.
64 bytes from 192.168.148.2：icmp_seq=1 ttl=128 time=0.112 ms
64 bytes from 192.168.148.2：icmp_seq=2 ttl=128 time=0.386 ms
64 bytes from 192.168.148.2：icmp_seq=3 ttl=128 time=0.141 ms


---- 192.168.148.2 ping statistics ----
3 packets transmitted，3 received，0% packet loss，time 2000ms
rtt min/avg/max/mdev = 0.112/0.213/0.386/0.122 ms
```

示例： 取消自定义别名 p2。

```
$ unalias p2
$ p2
-bash：p2：command not found
```

注意

　　用户常用的别名定义命令应该写到用户家目录下的".bashrc"文件中，以保证每次用户登录都能使用该别名。

4.命令的物理位置

Linux命令分为两种类型：

内部命令：Bash在本身内建的命令，这些命令在Shell启动时被加载到内存。

外部命令：内建命令之外的可执行程序，通常是由系统的组件或者应用程序安装提供。

通过which命令可以定位命令在系统中的真实路径。

示例：使用which命令定位ls命令的路径。

```
$ which ls
/usr/bin/ls
```

示例：使用which命令定位history命令，结果没有显示history的任何信息，可见history命令是Bash内建的命令。

```
$ which history
```

示例：显示Bash在系统中查找命令路径的环境变量。

```
$ echo $PATH
/usr/local/sbin：/usr/local/bin：/usr/sbin：/usr/bin：/sbin：/bin
```

（三）Bash命令行的快捷键

Debian系统Bash命令行环境有大量的快捷键可以使用，方便操作。这里仅列出常用的快捷键，如表4-1所示。

表4-1　Bash快捷键

快捷键	功能
Ctrl+C	非常规中断，中止前台进程，如中断命令 cat /dev/zero
Ctrl+D	输入完成的正常信号，如命令 wc 和 at 的操作
Ctrl+Z	挂起前台进程，用 fg 恢复 用 bg 恢复后台执行
Ctrl+L	清屏， 等同命令 clear
Ctrl+U	删除当前行
Ctrl+H	删除光标前一个字符
Ctrl+W	清除光标之前的字符串

续表

快捷键	功能
Ctrl+K	清除光标之后的字符串
Ctrl+A	光标移动到命令行的行首
Ctrl+E	光标移动到命令行的行尾
Ctrl+R	从历史命令中找含有键入字符的命令
Alt+B	光标往前移动一个字符串
Alt+F	光标往后移动一个字符串
Ctrl+Y	恢复 Ctrl+W 或 Ctrl+K 清除的内容
Ctrl+B	光标往前移动一个字符
Ctrl+F	光标往后移动一个字符
Ctrl+X	在光标所在位置与行首切换
Alt+.	补全之前输入过的参数
Alt+U	换成大写
Ctrl+S	锁住终端输出
Ctrl+Q	解锁终端

注意

在某些情况下（如使用cat命令查看了不能直接打开的文件），会导致终端显示乱码并无法正常输入，则可以盲打reset命令进行终端复原。

（四）获取命令的帮助信息

只了解命令单一的作用是不够的。为了有效地使用命令，还需要了解每个命令可以接受哪些选项和参数，以及命令希望如何排列这些选项和参数（命令的语法）。一个完整的系统里包含了数千个命令，而每个命令都有自己众多不同的选项和参数，这样庞大繁多的命令用法极大地体现了Linux命令行的灵活性，同时也增加了使用者的学习和应用难度。

然而几乎所有的命令和配置文件的语法格式和用法都有帮助文档。我们可以通过以下几种方式获得帮中信息：

（1）使用命令 −h（−−help）或者 −? 的选项来获得命令使用的规范和选项、参数的信息。

（2）使用 man 来获得命令的使用手册。

（3）使用 pinfo 读取文档。

（4）查看 /usr/share/doc 中的文档。

1. −−help 帮助输出

大多数命令都有 −h（有的命令 −h 有其他特定的功能，则只能使用 −−help）的帮助选项，执行命令的该选项时会在终端输出简洁的帮助信息。

示例： 使用 −−help 选项获取 ls 命令的帮助信息。

```
$ ls —help
Usage：ls [OPTION]... [FILE]...
List information about the FILEs（the current directory by default）.
Sort entries alphabetically if none of -cftuvSUX nor —sort.
Mandatory arguments to long options are mandatory for short options too.
  -a, --all             do not ignore entries starting with .
……
```

关于帮助输出的几个基本惯例：

（1）方括号（[]）中的任何内容都为可选。

（2）省略号（…）表示此字符串可以任意长度列表。

（3）以竖线（|）分隔的多个选项，这表示可以选择其中任意一项。

（4）尖括号（<>）中的文本表示必须出现变量数据。因此 <file-name> 表示"在此插入要使用的文件名"。

2. 使用 man 读取帮助文档

Linux man 手册提供了比 help 输出更为详尽的帮助文档，类似于一本分成许多章节的大型书籍。用户可以通过在终端执行 man 命令来相关命令或文件的帮助文档信息。终端以每次一个屏幕的形式显示内容，并可通过键盘命令来控制导航 man 手册。man 导航按键如表 4-2 所示。

表4-2　导航man手册

按键／命令	结果
空格键	向前滚动一个屏幕
方向键下	向前滚动一行
方向键上	向后滚动一行
/string	在 man 手册中向前搜索 string
n	在 man 手册中重复之前的向前搜索
N	在 man 手册中重复之前的向后搜索
q	退出 man 并返回到终端提示

示例： 查看ls命令的man手册。

```
$ man ls
LS（1）          User Commands          LS（1）
NAME
       ls - list directory contents
SYNOPSIS
       ls [OPTION]... [FILE]...
DESCRIPTION
……
```

man文件主要包括以下几个部分（各命令可能有区别）：

NAME	程序名和简介
SYNOPSIS	命令的格式，显示所有的选项和参数
DESCRIPTION	命令功能的描述和选项的详解
OPTIONS	所有选项清单和描述
EXAMPLES	用法举例
AUTHOR	作者
REPORTING BUGS	报告 BUG
CCOPYRIGHT	许可证
SEE ALSO	相关内容

　　man手册分为多个章节，所以可能会出现相同名称的多个帮助文档内容。为了区分不同的man手册，在编写对man手册的引用时，通常在man手册的名称后面添加手册的章节号并用括号括起来。例如，用户命令passwd的帮助文档是passwd（1），存储本地用户信息的配置文件/etc/passwd的帮助文档是passwd（5）。

关于 man 的章节，可以通过表 4-3 来查看相关信息。

表4-3　man手册的章节

章节	man 手册类型
1	用户命令
2	内核系统调用（从用户空间到内核的进入点）
3	库函数
4	特殊文件和设备
5	文件格式和规范
6	游戏
7	规范、标准和其他页面
8	系统管理命令
9	Linux 内核 API（内核调用）

man 命令会按特定顺序搜索手册中的各节，并显示找的第一个匹配项；例如 man passwd 默认情况下将显示 passwd（1）。要找到特定节中的 man 手册，则必须在命令行中以参数的形式指定节号：man 5 passwd 将显示 passwd（5）。

示例： 查看 /etc/passwd 配置文件的帮助文档。

```
$ man 5 passwd
```

可以使用 man -k keyword 对 man 手册执行关键字搜索，这将产生一个相关 man 手册的列表，包括对应的章节。

```
$ man -k passwd
chpasswd                    （8）- update passwords in batch mode
fgetpwent_r [getpwent_r]（3）- get passwd file entry reentrantly
getpwent_r                  （3）- get passwd file entry reentrantly
gpasswd                     （1）- administer /etc/group and /etc/gshadow
htpasswd                    （1）- Manage user files for basic authentication
kpasswd                     （1）- change a user's Kerberos password
lpasswd                     （1）- Change group or user password
lppasswd                    （1）- add, change, or delete digest passwords
pam_localuser               （8）- require users to be listed in /etc/passwd
pam_passwdqc                （8）- Password quality-control PAM module
```

```
passwd                      （1）  - update user's authentication tokens
passwd2des [xcrypt]         （3）  - RFS password encryption
passwd                      （5）  - password file
......
```

注意

关键字搜索需要makewhatis更新数据库，通常系统每天会自动运行更新。

3.使用pinfo读取文档

GNU Project开发的软件使用info系统来提供其部分文档，info文档通常以书籍的形式提供，其由包含超链接的info节点组成。此格式比man手册更加灵活，允许对复杂命令和概念进行更加彻底的说明。在某些情况下，某个命令同时存在相应的man手册和info文档；大多数情况下，info文档的信息更加详细。

示例：比较tar的man手册和info文档。

```
$ man tar
$ pinfo tar
```

4./usr/share/doc中的文档

对于在man手册，info手册，或者GNOME帮助实用程序都不能找到相关帮助文档，则可以在系统目录/usr/share/doc中查找。许多应用程序和系统命令的帮助文档位于该目录下以RPM软件包命令的子目录中。

示例：查看mdadm.conf配置文件的示例文件。

```
$ less /usr/share/doc/mdadm/examples/mdadm.conf-example
```

四、操作案例

（一）使用Shell命令行

默认Debian 11提供了6个控制台，可以使用Ctrl+Alt+F1～F7来进行切换，其中控制台1和2是图形界面，其余为命令行控制台，如图4-1所示。

```
Debian GNU/Linux 11 365linux tty3
365linux login:
```

图4-1　虚拟控制台

在桌面环境下，可以使用虚拟终端来运行命令。GNOME中的默认终端模拟器是gnome-terminal。可以通过如下方式启动：

（1）选择单击左上角的"Activities"在上方的搜索框中输入"terminal"打开。

（2）在Nautilus窗口空白区域右击，选择"Open in Terminal"。

（3）按快捷键Alt+F2，在运行应用程序的对话框中输入"gnome-terminal"，回车运行，如图4-2所示。

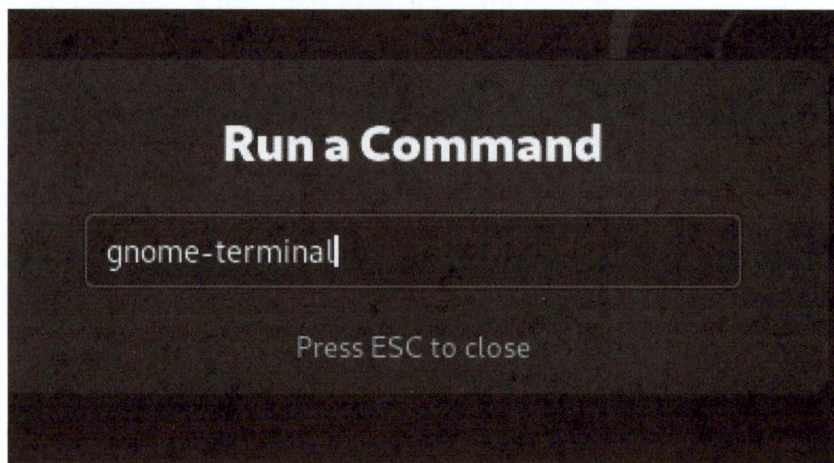

Run a Command

gnome-terminal

Press ESC to close

图4-2　运行应用程序

通过以上任一种方式打开虚拟终端窗口，如图4-3所示。

在Shell提示符终端输入命令。如图4-3所示，标准提示符列出了当前用户的登录名称、计算机的较短主机名、当前目录的名称、后跟$提示符。如果以超级用户（root）身份运行Shell（参见下文示例），$将替换为#，以便更明显地说明这是超级用户在工作。

用户可以从命令控制台，虚拟终端，远程客户端登录系统并执行命令。

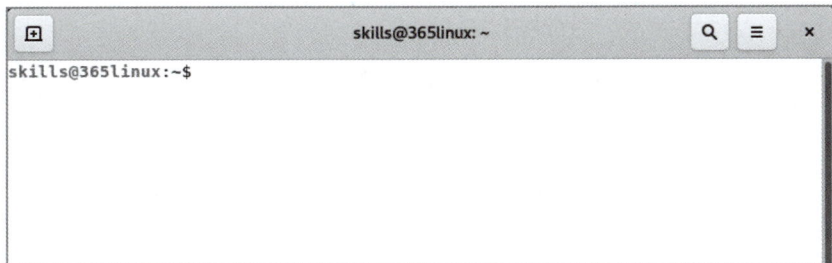

图 4-3　虚拟终端窗口

（二）在命令行中启动图形工具

就像其他任何其他程序一样，您可以从命令行启动包含图形界面的程序。例如，您可以在一个图形虚拟终端窗口中的Shell提示符下键入firefox的命令启动图形的web浏览器。

示例： 在命令行中启动firefox浏览器。

$ firefox

但是，这种做法的缺点是只要图形程序仍然在运行，用于启动的Shell提示符就会被占用而一直不可用，这种情况称为程序在前台运行。为了避免这种不便，可以在提示符下的命令行末尾处添加一个&，以在后台启动程序。

示例： 使用后台运行的方式在命令行中启动firefox浏览器。

$ firefox &

Bash还提供了通过Shell提示符更改进程的运行方式（前台、后台）：

（1）在Bash中可以使用Ctrl+C快捷键终止前台进程。

（2）使用Ctrl+Z快捷键暂停前台进程并返回shell提示符。

（3）在终端中执行jobs命令列出该与该shell相关联的在后台运行或已停止的进程。

（4）在终端中使用fg命令可以向前台发送作业。

（5）在终端中使用bg命令可以运行后台暂停的进程。

示例： 进程的前后台切换：

（1）在前台打开gedit文件编辑器。

```
$ gedit
```

（2）按Ctrl+Z组合键将进程暂停。

```
^Z
[1]+  Stopped                 gedit
```

（3）查看该shell终端的后台或已暂停的进程。

```
$ jobs
[1]+  Stopped                 gedit
```

（4）使用bg命令将进程在后台恢复运行。

```
$ bg 1
[1]+  gedit &
```

（5）使用fg命令将进程发送至前台，并使用Ctrl+C结束进程。

```
$ fg 1
gedit
^C
```

注意

通常在Shell终端提示符中运行的作业（非服务进程）是和该Shell相关联的，当该Shell终端被关闭时，运行的作业也会停止，这时可以使用nohup的命令来脱离这种关联性。

如果出于某些原因您需要以root用户身份运行图形程序，而PolicyKit（普通用户特权获取机制管理）不支持以普通用户身份运行该图形程序时在必要时进行root用户的授权（如Nautilus文件管理器），那么则需要在命令行下切换到root用户，然后在命令行中以root的身份打开该图形程序。

示例： 以root用户身份打开nautilus文件管理器。

```
$ su -
密码：
# nautilus &
# exit
```

注意

　　在命令后中使用"su-"命令切换用户后,想要回到之前的登录用户,要使用exit命令退出当前用户,则退回到之前的用户,而不能使用"su-"来回反复切换。

(三)命令使用示例

1.从命令行管理文件

　　Linux文件系统具有层次结构,其组织方式采用"倒树"模型。顶级目录称为根目录(/目录),是整文件系统层次结构的起点,而根分区挂载到根目录。要在系统中指定文件的位置,可以指定该文件的绝对路径(从根目录到各级子目录到文件),或者使用相对路径(从当前工作目录到其下的各级子目录到文件)。

　　在命令行中文件的路径,如/usr/share/doc,位于最前面的"/"表示根目录,即绝对路径的起点,之后的"/"则表示路径中目录的分隔符。

注意

　　在某些系统或说法中,经常将根目录(/)称作文件系统层次结构的root(这里的root表示根的意思),而系统中存在的/root目录是管理员用户root的家目录,容易造成混淆,一定要了解清楚。

2.切换工作路径

　　示例：使用pwd命令查看当前工作目录。

```
$ pwd
/home/skills
```

　　示例：使用cd命令切换工作目录。

　　(1)使用绝对路径方式进入doc目录。在命令行中,绝对路径作为参数一定是从根目录(/)开始,依次连接各级子目录。切换到目标目录后,终端提示符会改变成为当前目录的简写。

```
$ cd /usr/share/doc/
/usr/share/doc$
```

　　(2)使用相对路径方式进入当前doc目录下的zip-3.0目录。在命令行中，使用相对目录，即相对于当前的工作目录，使用相对目录时，要省略目录前的路径分隔符，否则会和绝对路径产生混淆。示例中的 zip-3.0 等同于 /usr/share/doc/zip-3.0。

```
/usr/share/doc$ cd zip-3.0/
/usr/share/doc/zip-3.0 $
```

（3）返回上一级目录，参数 ".." 表示上一级目录；"." 表示当前目录。

```
/usr/share/doc/zip-3.0 $ cd ..
/usr/share/doc$
```

（4）快速返回当前用户的家目录，参数 "~" 表示当前用户的家目录。"~zhangsan" 则表示用户 zhangsan 的家目录。

```
/usr/share/doc$ cd  ~
$ pwd
/home/skills
```

（5）快速进入上一次工作目录。参数 "-" 表示切换到当前目录之前的目录。

```
$ cd -
/usr/share/doc
/usr/share/doc$
```

3.查看目录文件列表

在 Linux 系统中，一个基本原则是"一切皆文件"，包括硬件设备。这样，通过简单工具即可完成某些功能非常强大的操作。根据文件的特点，Linux 系统将文件分为七种类型：

（1）-：一般文件。

（2）d：目录。

（3）l：链接文件。

（4）b：块设备文件。

（5）c：字符设备文件。

（6）s：套接字文件。

（7）p：管道文件。

示例：用 ls 命令查看文件列表并显示文件属性（包括类型）。

```
$ ls -l /boot
total47772
-rw-r—r— 1 root root   236106Mar 17 11：26 config-5.10.0-13-amd64
drwxr-xr-x 5 root root    4096Jun 21 03：02 grub
```

"ls － l"命令列出的文件属性包含七个字段，分别是文件类型及文件权限、连接数、拥有者、所属组、文件大小、文件最近修改时间、文件名。

示例：在 Bash 命令中使用通配符"*"来匹配目录或文件名的引用。

```
$ ls /etc/a*.conf
/etc/asound.conf  /etc/autofs_ldap_auth.conf
```

4. 查找系统文件

示例：使用 find 命令查找系统文件。

```
$ find /home/skills -name *bash*
/home/skills/.bash_history
/home/skills/.bash_logout
/home/skills/.bashrc
/home/skills/.bash_profile
```

5. 文件的基本操作

示例：对于目录和文件的基本操作命令。

（1）在用户的家目录创建一个新的文件夹 test03。

```
$ mkdir test03
```

（2）进入刚刚创建的新目录 test03，创建一个空文件 hello.txt。

```
$ cd test03/
/test03$ touch hello.txt
```

（3）查看文件的类型。

```
/test03$ ls -l hello.txt
-rw-rw-r--. 1 skillsskills 0 3 月  17 18：13 hello.txt
```

（4）建立 hello.txt 的软链接文件。

```
/test03$ ln -s hello.txt  ln_hello.txt
/test03$ ls -l
total 0
-rw-rw-r-- 1 skillsskills 0 Jun 22  08：34 hello.txt
lrwxrwxrwx 1 skillsskills 9 Jun 22  08：35 ln_hello.txt -> hello.txt
```

在 Linux 系统中，软链接文件即指向目标文件的快捷方式，但源文件被删除时，软链接则成为一个失效的文件。除了软链接文件，Linux 系统还支持硬链接文件（同样使用 ln 命令创建，不使用 −s 选项）。

（5）删除该文件和链接文件。

```
/test03$ rm hello.txt
/test03$ ls -l
总用量 0
lrwxrwxrwx. 1 skillsskills 9 Jun 22  08：35 ln_hello.txt -> hello.txt
/test03$ rm ln_hello.txt
/test03$ ls
```

（6）复制一个文件到当前工作目录。

```
/test03$ cp /etc/man.config ./
/test03$ ls
man.config
```

（7）创建一个新的目录 test04，并将当前目录的 man.config 移动到 test04 目录中。

```
/test03$ mkdir test04
/test03$ mv man.config test04/
/test03$ ls
test04
/test03$ ls test04/
man.config
```

（8）进入 test04 目录，查看当前绝对路径。

```
/test03$ cd test04/
```

```
/test03/test04$ pwd
/home/skills/test03/test04
```

（9）返回上一级目录，删除含有文件的目录test04。

```
/test03/test04$ cd ..
/test03$ rm -rf test04
/test03$ ls
```

（10）回到上一级目录，并删除空目录test03。

```
/test03$ cd ..
$ rmdir test03/
```

注意

（1）rm‐rf命令会强制删除一切它的目标目录下的所有内容，所以要谨慎使用，特别是root用户使用时。
（2）关于Linux文件系统、文件类型、权限等概念会在后面的任务中提及。

6. 从命令行管理文件

示例： 使用date命令查看当前的时间。

```
$ date
Wed 22 Jun 2022 04：22：46 PM CST
```

示例： 使用date命令设置时间。

```
# date -s "2022/03/18 08：45：00"
Fri 18 Jun 2022 08：45：00 AM CST
```

示例： 修改系统的时区。

```
# ln -sf /usr/share/zoneinfo/Asia/Shanghai /etc/localtime
```

另外，建议同时修改配置文件/etc/timezone的内容为 Asia/Shanghai。

注意

使用date命令查看和修改的是系统时间。而在系统内部还有另外一个时间概念，硬件时钟，Linux系统重启后时间会与硬件时钟保持同步，所以修改系统时间，同时也要修改硬件时钟。在命令行中使用hwclock命令查看和设置硬件时钟。

7.退出、关闭系统

示例：使用poweroff命令关闭Linux系统。

```
# poweroff
```

在Linux系统中，有多种方式实现关机或重启。可以使用poweroff、shutdown、halt、init命令关机。使用shutdown、halt、init、reboot可以实现系统重启。关机命令之间存在互相调用，且对于关闭系统和关闭电源在不同的系统版本上存在差异。一般情况下，建议使用poweroff关机，使用reboot重启。

（四）Bash命令行重要的高阶功能

1.管道

在Linux系统中，管道允许用户将标准输出信息从程序连接至一个程序的输入，这样可以将多个程序（命令）连接成一个管道，后一个程序的作用对象即为前一个程序的输出结果。

Debian系统使用竖线"|"连接程序管道操作。

示例：ls命令列出/usr/lib目录下的所有文件，其结果并不直接显示到屏幕输出，而是通过管道发送到下一个命令grep，通过grep命令过滤出结果中文件名含有jpeg的文件。

```
$ ls /usr/lib/ |grep "jpeg"
```

示例：用find命令找到/var目录中大小超过1M的文件，将结果用grep过滤出文件路径中包含cache的文件，再将文件列出结果交给wc统计行数，最终得到/var/目录中大小超过1M且与cache有关的文件有多少个。

```
# find /var -size+1M |grep "cache" |wc -l
```

2.I/O重定向

Linux命令行I/O重定向允许用户将标准输出或错误输出从程序发送至文件，以进行保存或屏蔽在终端的输出显示。重定向还支持反过来将文件内容读取至命令行程序。关于I/O重定向的定义如表4-4所示。

表4-4　标准输入输出

名称	说明	编号	默认
STDIN	标准输入	0	键盘
STDOUT	标准输出	1	终端
STDERR	标准错误	2	终端

示例：将date命令的标准输出重定向到文件，操作会覆盖文件原来的内容。

```
$ date > file
$ cat file
Wed 22 Jun 2022 04：45：46 PM CST
$ date > file
$ cat file
Wed 22 Jun 2022 04：46：11 PM CST
```

示例：使用重定向功能合并文件。

```
$ echo "1" > file1
$ echo "2"> file2
$ cat file1 file2 > file3
$ cat file3
1
2
```

示例：使用追加模式（不覆盖）将标准输出重定向到文件。

```
$ date >> test.txt
$ date >> test.txt
$ ls >> test.txt
$ cat test.txt
Wed 22 Jun 2022 04：47：00 PM CST
Wed 22 Jun 2022 04：47：07 PM CST
a
b
c
……
```

示例：将标准错误输出重定向到文件（覆盖）。

```
$ ls /boot /root 2> file
```

示例：将标准错误输出重定向到文件（追加）。

```
$ ls /boot /root 2>> file
```

示例：将标准错误输出重定向到设备文件 /dev/null，作用是丢弃错误。

```
$ ls /xyzabc 2> /dev/null
```

示例：将标准输出和标准错误输出组合，重定向到文件。

```
$ ls /boot /xyzabc >file 2>&1
或者：
$ ls /boot /xyzabc &> file
```

示例：使用标准输入作为 cat 命令的处理对象（效果等同于使用参数方式）。

```
$ cat < file
```

示例：将文件 file 的内容读取出来，重定向到 test 文件。

```
$ cat > test < file
```

示例：将键盘输入的内容重定向到 file03 文件，直到用户输入 EOF 结束输入。

```
$ cat > file03 << EOF
> 1234
> abcd
> EOF
$ cat file03
1234
abcd
```

3.正则表达式

正则表达式是用来搜索和匹配文本模式的特殊字符串，依赖于特定的 Linux 命令行工具工作，如 less、man、vim、locate、grep、sed、 awk 等。多用于脚本中批量处理。

示例：匹配文件中以 b 开头的行，这里的"^"是正则表达式，表示行首。

```
$ grep '^b' /etc/passwd
```

注意

正则表达式将在 Shell 脚本编程中详细介绍。

（五）编写 Bash 脚本

Linux Bash 除了能够在终端中进行交互执行命令外，还可以通过编写 Shell 脚本完成自动化、批处理的任务。Shell 脚本实际上就是按语句序列执行的命令组合的文本文件，当然，在 Bash 提供了很多的编程结构，如判断、循环、函数等。

示例：查看本网段哪些 IP 可以 ping 通。

```
$ vim ping.sh
#! /bin/bash
#Name：ping.sh
#Last revision date：2014-01-07
#usage：./ping.sh
#Evironment
Net="192.168.1"
#script start
for i in {1..254}
    do
        (
        ping -c 1 $Net.$i &>/dev/null
        if [ $?  -eq 0 ]；then
            echo "$i is up."
        fi
        ) &
    #wait
    done
```

> **注意**
>
> 关于 Shell 脚本编程将在以后的本教程的高级部分中涉及。

五、任务总结

Linux 具有强大的命令行功能，命令行具有简洁高效、功能全面、传输数据量小等特点，在系统管理中发挥巨大的作用。即使操作系统图形界面日益成熟，对于服务器系统而言，命令行功能一直被保留下来，并得到加强。

对于 Linux 命令行的学习，不能死记硬背命令的语法或用法示例，而要掌握 Linux 命令的书写规范，理解每条命令背后的逻辑、原理和命令执行后产生的效果。至于命令的用法，则要通过帮助文档、手册获得其相关的选项、参数的意义。对于常用的命令，则能熟能生巧，举一反三。

对于初学者而言，命令的使用往往成为入门的门槛，觉得生涩难懂而又难以记忆。其实不然，对于命令的学习，不要跳脱应用而单一地去练习、记忆命令选项、参数、用法，而应该从实用的角度，在具体的系统管理操作时引入命令的学习。比如，我们知道了在图形见面下的文件管理、时间配置、退出登录关闭系统，那么在命令行下如何控制实现这些操作呢。比如，以后在用户管理中，使用命令行如何添加、删除用户等。自然而然完成了对于命令的学习。学习 Linux 系统管理不是学习命令，命令只是基本单元，只是工具，利用系统命令完成系统管理的任务才是目的。

限于篇幅和保持文档的难易度，本任务中命令涉及的 Linux 系统体系概念并未展开详细介绍。需视情况由讲师教授，学生笔记，或另开篇幅详解。

本任务重点

（1）理解命令行的格式及用法。

（2）熟练使用—help 和 man 获得命令的帮助信息。

（3）理解命令行中工作路径的意义和使用。

六、任务实践

（一）巩固练习

在命令行中完成以下操作。

（1）在虚拟终端中前台打开gedit文本编辑器，然后将其放到后台运行。

（2）使用ls命令列出/boot目录下的文件，按文件的大小从小到大排列，并显示文件大小单位。

（3）使用date命令修改系统的时间，并使用hwclock命令同步硬件时钟。

（4）使用find命令查找系统中名字中包含apt的目录。

（5）查看系统中z开头的命令有哪些。

（6）使用cat命令查看/etc/fstab文件内容，并通过man手册理解该文件每个字段的含义。

（7）演示在命令行中"删除整行""调出历史参数""光标首尾移动"快捷键。

（8）使用head命令查看/etc/passwd文件的前10行。

（9）使用tail命令查看/etc/passwd文件的后5行。

（10）使用less命令查看/etc/man.config文件内容，并进行翻页操作，搜索man关键字。

（二）综合项目

在一台最小化安装的Debian Linux虚拟机上面完成如下操作：

（1）查看/etc/passwd的后15行，并将输出结果保存到/root/exercises/text1。

（2）查找/etc目录及其子目录下所有以"xml"（不含双引号）结尾的文件，并将输出结果保存到/root/exercises/text2。

（3）查看系统内存当前的使用率，使用M为单位显示，并将输出结果保存到/root/exercises/text3。

（4）查看当前日期时间，格式如"2011-1-6 15：30：00"，并将命令用法和输出结果保存到 /root/exercises/text4。

（5）使用 ls 命令列出 /boot 目录下的文件，按文件大小从大到小排列并将命令用法和输出结果保存到 /root/exercises/text5。

（6）使用 cat 命令查看 /etc/passwd 文件，输出时显示号，并将输出结果通过管道交给 grep 过滤出含有 bash 的行，将最后的屏幕输出保存到 /root/exercises/text6。

（7）在 /root 目录下创建一个目录 testproject。

（8）在刚刚创建的 testproject 目录中新建一个文件 osta.txt。

（9）给 osta.txt 文件创建软链接 /root/exercises/osta.soft。

（10）给 osta.txt 文件创建硬链接 /root/exercises/osta.hard。

（11）进入 /root/testproject 目录，复制 /etc/manpath.config 到当前目录并重命名为 man.config.bak。

（12）将 /etc 目录（包括其子目录和所有文件）打包并压缩到 /root/exercises/etc.tar.gz。

（三）技能拓展

使用命令行对文件进行打包和压缩：

（1）在家目录下创建空目录 xueing。

（2）使用 locate 命令找到 linux.words 文件的位置。

（3）进入 xueing 目录，将 linux.words 复制到当前目录，查看文件的大小。

（4）使用 gzip 命令压缩 linux.words，比较先后的大小。

（5）使用 gunzip 命令解压缩 linux.words。

（6）思考如何在压缩时保留原文件。

（7）使用 bzip2 命令进行同样的压缩和解压缩操作。

任务

5

VI 编辑器

一、任务描述

编辑器是编写或修改文本文件的重要工具之一，在各种操作系统中，编辑器都是不可缺少的部件。Linux 操作系统中，系统和应用的配置大多需要通过修改配置文件来进行设置，所以编辑器的使用频率高，更显得重要。熟练掌握 Linux 编辑器的用法，可以极大地提高工作效率。为方便各种用户在各个不同的环境中使用，提供一系列的编辑器，如 VI、emacs、pico、nano、gedit 等。每种编辑器都有各自的特性，在不同的工作环境中根据自己的需求加以选择。

VIM（VI Improved）是一种强大的文本编辑器，支持复杂的文本操作。相对图形界面的 gedit 编辑器，VIM 可以很方便地在命令行中使用，而且在任何 Linux 系统中始终可用。

VIM 是 VI 的高级版本，提供更多的功能，如自动格式、语法高亮等。当系统中 VIM 无法使用时，依然可以使用 VI 命令代替，用法相同。

> **注意**
>
> 在大多数采用最小化安装的Linux系统上，VIM默认是不被安装的，但有VI可以使用，也可以额外安装VIM编辑器。

二、任务目标

（一）知识目标

（1）VI编辑器是什么。

（2）在命令行中使用VI编辑器。

（3）认识VI编辑器的三种模式。

（二）能力目标

（1）认识VI编辑器。

（2）熟练运用VI编辑器。

三、基本原理

（一）VI的三种模式

1.命令模式

打开VIM编辑器，即进入命令模式（也称一般模式）。通过键盘命令，对文档进行复制、粘贴、删除、替换、移动光标、继续查找等。该模式也是编辑模式和末行模式的切换的中间模式，可以通过Esc键返回到命令模式。

2.编辑模式

也称插入模式，用于对文档进行添加、删除、修改等操作，在编辑模式中，所有的键盘操作（除了退出编辑模式键）都是输入或删除的操作，所以在编辑模式下没有可用的键盘命令操作。

3.末行模式

进入末行模式，光标移动到屏幕的底部，输入内置的指令，可执行相关的操作，如文件的保存、退出、定位光标、查找、替换、设置行标等。

（二）VI三种模式之间的切换

三种模式之间的切换如图5-1所示。

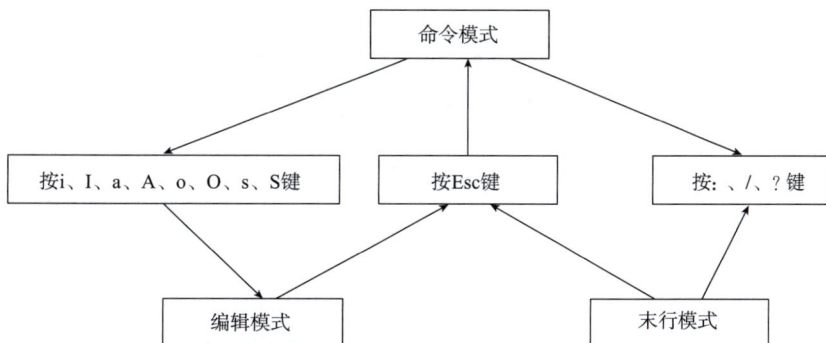

图5-1　VI三种模式切换

三种模式切换按键详细说明如下：

（1）进入编辑模式的命令如表5-1所示。

表5-1　进入编辑模式的命令

按键	功能
i	从光标所在位置前面开始插入文本，同 insert 键
I	从光标所在行的行首开始插入文本
a	从光标所在位置后面开始插入文本
A	从光标所在行的行尾开始插入文本
o	在光标所在行下方新增一行插入文本
O	在光标所在行上方新增一行插入文本
s	删除光标所在字符并开始插入文本
S	删除光标所在行并开始插入文本

（2）进入末行模式的命令如表5-2所示。

表5-2　进入末行模式的命令

按键	功能
:	在后面接要执行的命令
/	在后面接要搜索的字符串，从光标位置开始向下搜索，按 n 重复前一个搜索动作，按 N 反向重复前一个搜索动作
?	在后面接要搜索的字符串，从光标位置开始向上搜索，按 n 重复前一个搜索动作，按 N 反向重复前一个搜索动作

注意

　　不能从编辑模式直接进入末行模式，也不能从末行模式进入编辑模式，两者之间的转换必须先按Esc键退出到命令模式，然后再通过相关的命令按键切换。

（3）退出VI编辑器

退出VIM需要进入末后模式执行退出的命令。在命令模式下，按"："键进入末行模式，在末行模式下输入相关的命令，如表5-3所示。

表5-3　退出VIM编辑器的命令

命令	功能
Q	没有对文档做过修改，退出
Q！	对文档做过修改，强制不保存退出
WQ 或 X	保存退出；可以后加! 表示强制保存退出
ZZ	若文档没有修改，则不保存退出；若文档已经修改，则保存后退出

四、操作案例

（一）VI命令模式下的常用操作

在VIM编辑器命令模式下，有着大量方便快捷的键盘命令，用来控制光标，操作文本。使用VIM的键盘命令，可以使用户的双手不离开主键盘区域，不使用鼠标，实现光标移动、复制、粘贴、删除等操作，熟练使用，极大地提高工作效率。

以下列出命令模式下常用的操作命令：

1.光标移动

常用光标移动命令见表5-4。

表5-4　光标移动命令

命令（n 表示数字）	功能
H/J/K/L	光标向左 / 下 / 上 / 右移动一个字符
nJ	向下移动 n 行（可以是 nH/nK/nL）
Ctrl+F/B/D/U	屏幕向下 / 上 / 移动一页（半页）
n<space 键 >	光标向后移动 n 字符
n<Enter 键 >	光标向下移动 n 行
H/M/L	光标移动到屏幕上方 / 中央 / 下方
+/−	光标移动到非空格符的下 / 上一行
0 或者 ^	光标移动到行首
$	光标移动到行尾
GG	光标移动到文件第一行
G	光标移动到文件最后一行
nG	光标移动到文件的第 n 行

2.删除、复制与粘贴

常用的删除、复制与粘贴命令见表5-5。

表5-5　删除、复制与粘贴命令

命令	功能
x/X/nx	向后 / 前删除一（n）个字符
dd/ndd	删除光标所在的行 / 向下删除 n 行
d1G/dgg	删除光标位置到第一行所有数据
dG	删除光标位置到最后一行所有数据
d0/d$	删除光标位置到该行行首 / 尾
cw/ncw	更改光标位置的一（n）个字符串
yy/nyy	复制光标所在一（向下 n）行
y1G/ygg	复制光标位置到第 1 行所有行
yG	复制光标位置到最后一行数据
y0/y$	复制光标位置到该行行首 / 尾
yw/nyw	复制光标位置 1（n）个字符串
p/P	粘贴到光标位置下 / 上一行

3.替换

替换命令见表5-6。

表5-6　替换命令

命令	功能
r	仅替换一次光标所在的字符
R	一直替换光标所在字符，直到按 Esc

4.其他

其他命令模式下的常用命令见表5-7。

表5-7　其他命令模式下的常用命令

命令	功能
u	撤销前一个操作
U	撤销一行内的所有改动
Ctrl+R	重做上一个操作
J	合并光标所在行与下一行

（二）VI末行模式下的常用操作

在 VIM 末行模式，除了最常用的保存、退出等命令外，有更多的命令组合用于完成复杂的文本操作。

以下列出末行模式下常用的操作命令：

1.搜索替换

搜索替换命令见表5-8。

表5-8　搜索替换命令

命令	功能
$n1$，$n2$s/word1/word2/g	将从 $n1$ 行到 $n2$ 行的 word1 替换为 word2，如无 g 则只替换第一个匹配
1，$s/word1/word2/gc	将从第一行到最后一行的 word1 替换为 word2，c 表示每次替换确认
%s/^/word2/g	在整个文件的每行行首插入 word2
%s/$/word2/g	在整个文件的每行行尾插入 word2
%/var/char–&/g	在整个文件中匹配到 var 后替换为 char-var，& 指代匹配的结果，可能为正则匹配的多种结果

2.其他

其他末行模式常用命令见表5-9。

表5-9　其他末行模式常用命令

命令	功能
w/w！	保存文件 / 强制保存文件
w filename	另存为 filename
$n1$，$n2$ w filename	将文件的第 $n1$ 行到第 $n2$ 行另存到 filename
r filename	读取另外的文件到正在编辑的文件
！command	暂时离开 VI 执行命令
r！command	把命令的输出插入当前
sh	转动 shell，输入 exit 返回
e！	将文件还原
set nu/set nonu	设置行号 / 取消行号
set autoindent	设置自动对齐格式（取消 set noautoindent）
set ruler	设置在屏幕底部显示光标所在的行列位置
set ignorecase	忽略正则表达式中大小写
nohlsearch	取消搜索到的关键字的高亮显示

注意

在末行模式下输入命令时可以用Tab键自动补全，也可以使用：help获得相关帮助。

（三）VI的其他操作

1.块操作

命令模式键入 V 则进入块操作：移动光标选定操作块；按 Y 键复制；按 C 键剪切；按 P 键粘贴。

2.分隔窗口

可以在一个VIM当前窗口中并排打开多个文件。

示例：水平分隔窗口命令，同时水平排列打开文件 file1.txt 和 file2.txt。

```
$ vim -o file1.txt file2.txt
```

示例：垂直分隔窗口命令，同时垂直排列打开文件 file1.txt 和 file2.txt。

```
$ vim -O file1.txt file2.txt
```

窗口移动快捷键：Ctrl+w。

3.VIM文件恢复

使用VIM编辑一个文件test.txt时，会在文件所在目录产生一个临时文件，文件名为。test.txt.swp，这是一个隐藏文件。在VI中所做的操作会暂时存在该文件内。

如果在文件编辑过程中VI非正常关闭，那么重新打开VI test.txt时，系统会提示发现交换文件。test.txt.swp，可能的原因是：有另一个程序也在编辑同一个文件，或上次编辑此文件时系统崩溃。

这时可以按O打开只读模式，或按R进行修复，或按E直接编辑，或按Q退出。

手动删除。test.txt.swp后，则不会再出现该提示。

> **注意**
>
> 在对系统的关键性配置文件进行编辑修改时，强烈建议先做好原始文件的备份，因为VIM编辑器对文件完成修改并保存后是无法恢复的。

五、任务总结

VIM编辑器是Linux系统中最常用的命令行工具。看似繁多的操作命令其实有规律可循，记住几个基础指令，其他技巧多为基础指令的组合，可以在此基础上举一反三。

本任务重点

VIM三种模式的切换和使用。

六、任务实践

（一）巩固练习

1.使用VIM创建一个文件

（1）打开一个空文件（如vim filename.txt）。

（2）切换到编辑模式。

（3）输入文本（任意字符）。

（4）使用 Esc 返回到命令模式。

（5）按"："键进入末行模式。

（6）输入"x"命令保存退出。

2.使用 VIM 编辑文件

（1）打开"虚拟终端"，切换到 root 用户。

（2）使用 VIM 打开文件 /tmp/test.file.txt。

（3）按 i 键进入插入模式，然后输入以下文本。

> Change the last word in this line to goose：duck.
>
> Quack Quack Remove the first two Quack words.
>
> Copy this line so it apperars twice.
>
> Make sure this is the first line in the file.

（4）按 Esc 键并使用 1G 组合键返回到该文件的第一行。

（5）在第一行，将单词 duck 更改为 goose。

（6）在第二行，删除前两次出现的单词 Quack。

（7）复制第三行，然后进行粘贴使该行出现两次。

（8）删除最后一行，然后粘贴，使其显示为该文件的第一行。

（9）完成之后，整个文件将显示如下。

> Make sure this is the first line in the file.
>
> Change the last word in this line to goose：goose.
>
> Remove the first two Quack words.
>
> Copy this line so it apperars twice.
>
> Copy this line so it apperars twice.

（10）保存并退出文件（快捷键：wq）。

3.使用 VIM 编辑系统的配置文件

（1）在文件的顶部添加一行 Welcome，保存退出。

（2）通过按 Ctrl+Alt+F2 切换到虚拟控制台，并按 Enter 刷新提示进行测试更改过的效果。文本 Welcome 将会显示在登录提示符的顶部。

（3）使用 VIM 打开系统的配置文件 /etc/issue。

（二）综合项目

按照步骤完成以下任务：

（1）请在/tmp目录下建立一个名为vitest的目录，进入vitest目录中。

（2）将/etc/man.config复制到本目录中，并重命名为man.config.back。

（3）使用VI编辑器打开本目录下的man.config.back。

（4）在VI中设置行号。

（5）光标移动到第58行，向右移动40个字符，记录光标所处位置。

（6）移动到第一行，并且向下搜索"bzip2"字符串，确认它在第几行。

（7）接下来，要将50～100行的man改为MAN，要求提示确认。

（8）修改完后，突然反悔了，要全部复原，有哪些方法?

（9）要复制51～60行的内容，并粘贴到最后一行之后。

（10）删除11～30行的20行。

（11）将这个文件另存成一个man.test.config。

（12）回到第29行，并且删除15个字符。

（13）存储目录后离开。

（三）技能拓展

（1）如何同时在多行的开头插入字符。

（2）如何同时在多行的末尾（每行长度不一）插入字符。

任务

6

Debian 系统初始化配置

一、任务描述

在安装完系统后，根据应用需求，第一时间对系统进行必要的初始化配置，保证系统正常、稳定、安全地运行。

二、任务目标

（一）知识目标

（1）配置主机名。

（2）配置网络连接。

（3）配置系统时间。

（4）配置系统语言环境。

（5）配置软件安装源。

（二）能力目标

（1）通用系统初始化能力目标。

（2）通用系统初始化能力。

（3）通过不同场景的不同初始化配置培养创新精神。

三、基本原理

在工作实践中，服务器操作系统的标准化是非常重要的一环，对于新安装部署的Linux操作系统，通常需要进行流程化的系统初始化操作。标准化的系统必须满足稳定性高、适用性强、性能满足的要求。

Linux服务器系统的常规初始化配置，主要涉及的配置项有：

（1）配置系统的基本环境。

（2）配置系统的网络连接。

（3）配置系统的软件安装源。

（4）校准系统时间。

（5）配置安全远程登录。

以上配置项对于不同的应用系统有共性的部分，也有个性定制的部分，比如校准系统时间是共性的，而主机名则是个性的。另外，根据运行的应用不同，系统需要额外安装的软件包、系统的安全策略也有所区别。一般来说，公司运维技术部门会有一套标准流程，甚至可以通过定制的自动化管理工具（或脚本）自动完成系统初始化配置工作。

（一）网络连接的基本概念

要将服务器正确地连接到对应的网络，需要了解以下概念：

1.局域网和广域网

网络按照其覆盖的范围可以分成局域网和广域网。局域网（Local Area Network，LAN），又称内网。指覆盖局部区域（如办公室或楼层）的计算机网络。广域网（Wide Area Network，WAN），又称外网、公网。是连接不同地区的局域网或城域网的计算机通信的远程网。

2.IP 地址

IP 地址（Internet Protocol Address，IP Address）。当设备连接网络，设备将被分配一个 IP 地址，用作标识。通过 IP 地址，设备间可以互相通信，如果没有 IP 地址，我们将无法知道哪个设备是发送方，哪个是接收方。IP 地址有两个主要功能：标识设备或网络和寻址。

常见的 IP 地址分为 IPv4 与 IPv6 两大类，IP 地址由一串数字组成。IPv4 由十进制数字组成，并以点分隔，如 172.16.254.1；IPv6 由十六进制数字组成，以冒号分割，如 2001：db8：0：1234：0：567：8：1。

3.网关（路由器）

在计算机网络中，网关（Gateway）是转发其他服务器通信数据的服务器，接收从客户端发送来的请求时，它就像自己拥有资源的源服务器一样对请求进行处理。有时客户端可能都不会察觉，自己的通信目标是一个网关。

区别于路由器 [由于历史的原因，许多有关 TCP/IP 的文献曾经把网络层使用的路由器（Router）称为网关，在今天很多局域网都是采用路由来接入网络，因此现在通常指的网关就是路由器的 IP]，经常在家庭中或者小型企业网络中使用，用于连接局域网和互联网。

网关也常指把一种协议转成另一种协议的设备，如语音网关。

4.主机名

主机名（Hostname）就是服务器在系统中显示的名字，用来在网络上标识这台服务器。本来在网络上寻找和定位一台计算机应该是通过 IP 地址来进行。但是 IP 地址（如长串的十进制的数字）的可读性非常差，难以记忆，于是人们就用易读好记的有意义的单词来代替 IP 地址，这就是主机名（域名）。

5.域名系统

域名系统（Domain Name System，DNS）是互联网的一项服务。它作为将域名和 IP 地址相互映射的一个分布式数据库，能够使人更方便地访问互联网。计算机网络设备使用 IP 地址进行通信，但是比起冗长且难记的数字字符串，人们更愿意使用名称。DNS 即是将主机名映射为 IP 地址的服务。为使名称服务起作用，需要在主机系统中设置DNS 服务器的 IP 地址。该名称服务器无须与主机位于同一子网上，只需可供主机访问即可。

（二）SSH远程登录

Secure Shell（安全外壳协议，简称SSH）是一种加密的网络传输协议，可在不安全的网络中为网络服务提供安全的传输环境。SSH通过在网络中创建安全隧道来实现SSH客户端与服务器之间的连接。SSH最常见的用途是远程登录系统，人们通常利用SSH来传输命令行界面和远程执行命令。

（三）系统时间

服务器系统时间的准确性非常重要，特别是在对外提供应用服务的系统上，错误的时间会带来糟糕的用户体验，甚至引起数据错误而造成损失。在Debian系统中，时间准确性是由NTP协议来确保的，该协议由在用户空间中运行的守护程序实现，用户空间守护程序更新内核中运行的系统时钟，系统时钟可以通过使用各种时钟源来同步时间。

（四）软件源

软件源是Linux系统的应用程序安装仓库，很多应用软件都会收录到这个仓库里面，软件源可以是网络服务器或光盘，甚至是硬盘上的一个目录。在Debian中，通过apt技术启用软件安装。

四、操作案例

（一）配置主机名

1.切换到管理员

```
$ sudo -i
$ su  -
```

2.修改系统主机名

```
# hostname
server.gdit.cn
# hostnamectl set-hostname  client.gdit.cn
# cat  /etc/hostname
client.gdit.cn
# vim  /etc/hosts
127.0.0.1      localhost    localhost.localdomain localhost4 localhost4.localdo-
main4  client   client.gdit.cn
: :  1        localhost    localhost.localdomain localhost6 localhost6.localdo-
main6  client   client.gdit.cn
```

（二）配置网络（IP，GW，DNS）

1.修改网卡配置文件，配置IP、GW

```
# vim /etc/network/interfaces
auto ens33
iface ens33 inet static
address 192.168.1.113/24
gateway 192.168.1.254
```

2.配置本地DNS服务器地址

```
# vim /etc/resolv.conf
domain localdomain
search localdomain
nameserver 202.96.128.86
```

（三）配置SSH远程登录

默认情况下，安装了SSH服务器，即可以通过22号端口远程登录Linux服务器。

在Debian系统中，SSH客户端为OpenSSH软件提供的SSH命令；

在 Windows 系统中除了可以在终端中使用SSH命令，还有大量的SSH 图形界面的客户端软件，如putty、xshell、MobaXterm、WindTerm等。

（1）在 Windows 系统中可以使用第三方SSH客户端远程登录 Linux服务器，以PuTTY软件为例，如图6-1所示。

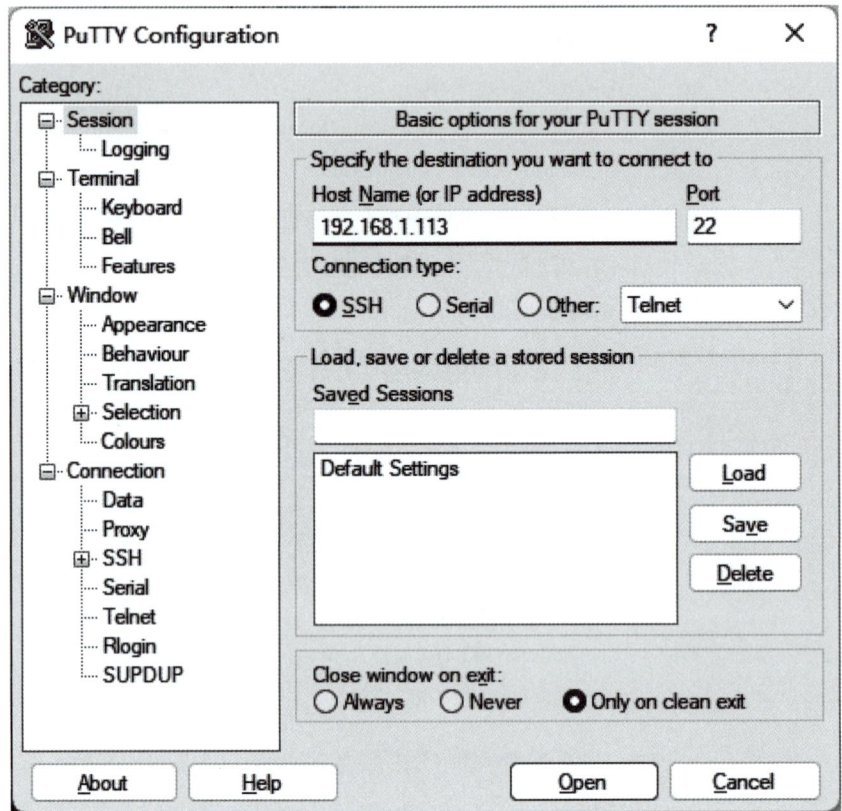

图6-1 使用PuTTY 软件连接 Linux 服务器

（2）输入用户名和密码，服务器验证通过后，即成功登录到远程 服务器，可以执行命令操作，如图6-2所示。

（四）配置系统时间（手动、NTP）、时区

（1）Debian默认通过网络时间服务器来在线同步时间，但在无法 连接外部网络时可能会导致时间同步失败。

```
# timedatectl
    Local time：日 2021-10-24 17：00：06 CST
```

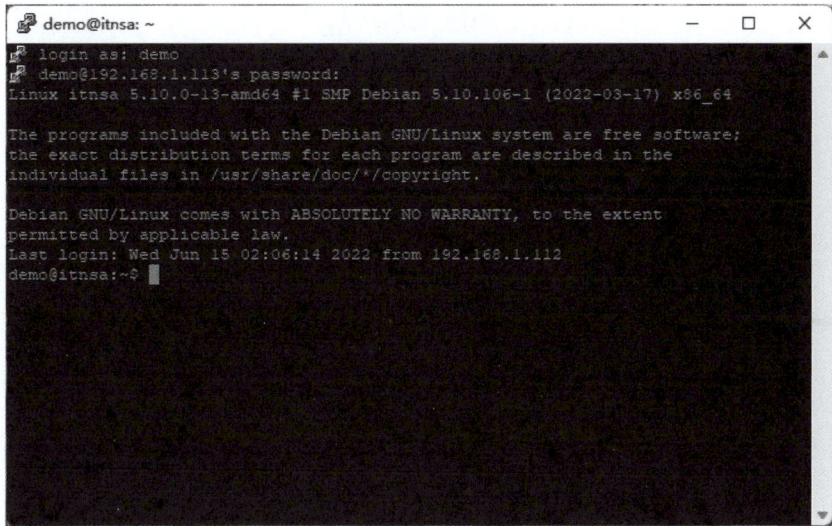

图6-2　使用PuTTY
软件成功登录Linux
服务器

Universal time：日 2021-10-24 09：00：06 UTC

RTC time：日 2021-10-24 10：23：44

Time zone：Asia/Shanghai（CST，+0800）

System clock synchronized：no

NTP service：active

RTC in local TZ：no

（2）如果不能在线同步时间，可以手动配置时间。

[root@server01 ~]# date -s "2022-05-30 20：42"
2022年 05月 30日 星期一 20：42：00 CST

（3）如果硬件时间不准确，则需要同步硬件时钟。

hwclock --show
2021-10-24 17：24：35.728845+08：00
hwclock --systohc

（4）配置正确的时区。

timedatectl set-timezone Asia/Shanghai

（五）系统语言环境

（1）查询系统的语言环境。

```
# localectl  status
   System Locale：LANG=zh_CN.UTF-8
      VC Keymap：cn
      X11 Layout：cn
```

（2）修改语言环境为英文。

```
# localectl set-locale LANG=en_US.UTF-8
```

（六）配置软件仓库

Debian 系统默认使用官方的在线软件源来安装软件。如果系统可以连接到外网，无须特别的配置即可以在线安装软件包或更新系统。如果不能连外网，可以使用 Debian 的 iso 镜像来部署本地的软件源。

（1）放置 Debian 的 iso 镜像到服务器（或虚拟机）的光驱并连接。

（2）使用 apt-cdrom 命令自动扫描 ISO 镜像内容并建立并地软件源。

```
# apt-cdrom add
```

（3）使用 apt 工具查找软件包。

```
# apt  search  apache2
```

（4）使用 apt 工具安装软件包。

```
# apt install apache2
```

五、任务总结

系统的初始化设置是对于全新安装的系统进行初步的功能和安全设置。设置的内容项即有必要的内容，如网络的配置和连接；也有可选的或个性化的内容，比如软件包的选择和安装。本任务只是针对常见的配置项进行了设置，在实践中还需要根据现场的环境和具体的应用进行个性化的定制。在深入学习和掌握脚本语言的应用后，初始化的设置可以通过BASH或Python脚本来自动化地完成。

本任务重点

（1）配置主机名。

（2）配置网络连接。

（3）配置软件源。

六、任务实践

（一）巩固练习

在全新安装的mini系统上进行以下初始化配置：

（1）配置自定义的主机名。

（2）配置正常可用的IP地址，使用putty工具（或其他工具）远程登录mini Linux系统。

（3）设置系统的时间，使其正常。

（4）配置软件仓库，安装VIM（注：没有VIM时使用VI进行编辑）。

（二）综合项目

（1）准备一个虚拟机，把它的网络设备的连接方式改为NAT，然后给它配置IP地址、GATEWAY、DNS，使用其能访问外网。

（2）通过在线的方式实现NTP时间同步成功，获得标准的准确时间。

（3）不要配置本地仓库，直接使用Debian自带的官方仓库安装软件。进阶方式：参考网上的资料，把Debian的官方软件源的地址替换成国内的高速镜像源，提高下载速度。

（三）技能拓展

编写Bash或Python脚本自动化完成系统初始化操作。

Linux 用户和组

一、任务描述

　　Linux 系统是一个真正意义上的多用户多任务的系统，这就意味着在系统的机制上存在着多种不同的用户，对应相应不同的权限和功能。系统中的用户可以是一个对应真实物理用户的账号，也可以是特定应用程序使用的身份账号。Linux 系统通过定义不同的用户，来控制用户在系统中的权限。系统的每个文件都设计成属于相应的用户和组，不同的用户则决定了其对系统内哪些文件可以访问、写入或执行。

二、任务目标

（一）知识目标

　　（1）认识 Linux 用户和组的概念与作用。
　　（2）使用图形环境用户管理工具。

（3）使用命令行工具管理用户。

（4）用户账号初始化。

（二）能力目标

（1）认识Linux用户和组的概念与作用。

（2）能够熟练运用图形工具和命令行工具管理用户。

（3）团队协作能力和沟通能力。

三、基本原理

在Debian中，有三种不同的文件类型：root用户（也称管理员账户、超级用户或根用户）、普通用户和系统用户。

root用户是系统内置的管理员用户，拥有系统最大权限，可以完全访问和操作系统的所有文件。正因如此，在通常系统使用时，不建议使用root用户登录系统，只有在需要管理员权限时才由普通用户切换到管理员。

如果在安装系统时安装了图形界面，那么在第一次启动的时候会被要求创建一个普通用户，这个用户是被用来登录和使用系统。普通用户默认情况下只能对自己的家目录下的文件和文件夹进行修改或删除的操作，最大限度地控制了对系统的损害。如果在安装系统时没有安装图形环境，也应在进入系统行手动创建一个普通用户，用作平常登录使用。

系统用户类似于普通用户，不同之处在于系统用户通常没有自己的家目录，也不能登录到系统，仅用来控制应用程序的运行。系统用户一般由系统自带应用或其他服务程序的软件包安装时创建。

在Debian的设计中，每个用户都有一个对应的组，组即是多个（或一个）成员用户为同一目的组成的组织，组内的成员对属于该组下的文件拥有相同的权限。默认情况下，RHEL用户拥有自己的私人组（usr private group，UPG），当一个新用户被创建时，同时会创建一个和用户名相同的用户私人组。

四、操作案例

（一）使用图形环境用户管理工具

有两种方式对用户和组进行管理，使用图形工具和使用命令行。

用户图形配置工具可以进行查看、修改、创建和删除本地用户和组的操作。

在 GNOME 桌面菜单中，依次选择单击"Settings"→"Users"单击"Unlock"，在弹出的对话框中输入管理员的密码完成授权，即可以进行添加用户的操作，如图 7-1 所示。

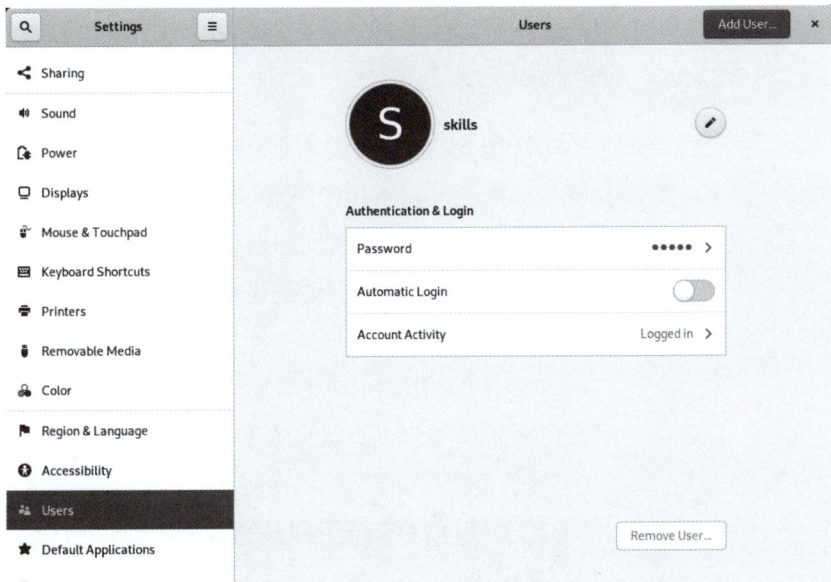

图 7-1　用户管理配置工具

要添加新用户，单击"Add User"的按钮。在添加新用户的对话框中填入用户信息（用户名、全称、密码），如图 7-2 所示。

> **注意**
>
> 　　密码的设置至少 10 位，为安全起见，Debian 系统不允许使用字典密码，如果密码过于简单会无法添加用户。建议密码包含字母、数字和特殊字符。

新添加的用户默认使用的 Shell 是 /bin/bash。这也是通用配置。您可以为特殊应用的用户在命令行管理工具修改选择不同的 Shell，如选择 /sbin/nologin 可以禁止用户登录。

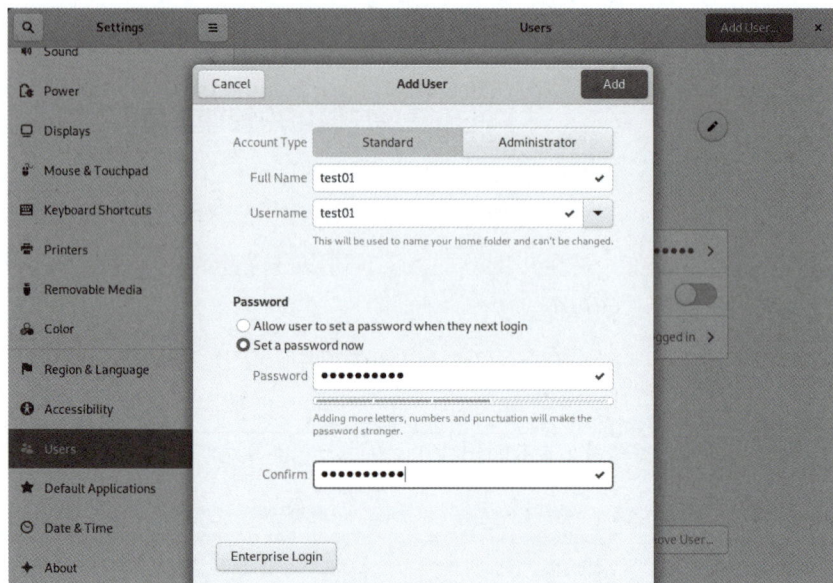

图7-2 添加新用户

默认情况下，新建普通用户会同时创建用户的家目录，位于 /home/username。当用户的家目录创建时，系统会自动复制 /etc/skel/ 目录下的默认配置文件到新用户的家目录。

创建用户时系统会自动创建一个和用户名相同的私人组作为新用户的默认所属主组。

如果不手动指定用户的ID，系统则自动分配一个大于1000且未使用的ID号给新用户。不建议给普通用户手动指定一个小于1000的ID。

（二）使用命令行工具管理用户

除了可以使用图形用户管理工具来配置用户外，RHEL同样提供了一系列的命令行工具来管理用户，可以实现添加、修改、删除用户，甚至实现更多命令。

1. useradd 命令创建用户

用法：useradd [options] user_name。

常用选项：

-u UID：为新用户指定一个UID（不使用系统默认按顺序分配的），使用-r，强制建立系统账号（小于 /etc/login.defs 上 UID_MIN），使用-o，允许新用户使用不唯一的UID。

-g GROUP：为新用户指定一个组（指定的必须存在）。

-G GROUPS：为新用户指定一个附加组。

-M：不创建用户的家目录（默认创建）。

-m：为新用户创建家目录。使用 -k 选项将 skeleton_dir 内的档案复制到家目录下。

-c：为新用户添加说明注释（/etc/passwd 的说明栏）。

-d：为新用户指定家目录。默认值为 default_home 内的 login 名称。

-s：为新用户指定登录后使用的 Shell。

-e：为新用户指定账号的终止日期。日期的指定格式为 MM/DD/YY。

-f：用户账号过期几日后永久失效。当值为 0 时账号则立刻失效，-1 时关闭此功能。默认关闭。

示例： 使用命令创建新用户。

```
$ su -
Password：
# useradd user01
```

创建用户的操作需要管理员权限，如果你是以普通用户登录系统，首先要切换到管理员用户。

示例： 创建新用户，使用自定义选项。

```
# useradd -u 1000 -c "ftp user" -s /sbin/nologin user02
```

注意

应该给每个账号添加注释说明（使用 -c），否则可能会忘记每个用户的用途。

2. passwd 命令设置用户密码

用法： passwd [options] user_name。

常用选项：

-l：锁定指定的账号。

-u：解锁指定的被锁定的账号。

-n：指定密码最短时间。

-x：指定密码最长时间。

-w：指定密码过期前的警告天数。

-i：指定密码过期后，账号失效前的天数。

-S：报告指定用户密码的状态。

--stdin 从标准输入读入密码，常用于 Shell 脚本。

示例： 为用户设置密码。

```
# passwd user01
New password：
Retype new password：
passwd：password updated successfully
```

> **注意**
>
> root 用户可以修改任何用户的密码，普通用户仅可以修改自己的密码。

3. 系统添加用户过程解释

使用 useradd 命令创建新用户和使用 passwd 命令设置用户密码，系统是如何保存用户信息。当命令执行时，系统发生了如下动作：

（1）在系统用户信息配置文件中添加一行。可以使用 cat 命令查看：

```
# cat /etc/passwd
root：x：0：0：root：/root：/bin/bash
daemon：x：1：1：daemon：/usr/sbin：/usr/sbin/nologin
……
user01：x：1002：1002：user01,,,：/home/user01：/bin/bash
```

在 /etc/passwd 文件中，每一行对应一个用户的属性信息。新创建的用户被追加在最后一行。每一行用 "："分割成七个字段，每个字段的意义是：

①Account：用户名。

②Password：用户密码，因为 /etc/passwd 所有人可读，出于安全考虑，该字段默认用 x 代替。真正的密码文件保存在 /etc/shadow 文件中。用户可以通过 authconfig 来设定是否使用 shadow 文件及 md5 加密。

③UID：用户ID号。UID为0，表示是拥有最高权限的系统管理员（如root）。默认UID1-999为系统保留账号，普通用户UID一般1000~60000。一般来说，用户UID号是唯一的。

④GID：用户所属主组的组ID号。

⑤GECOS：用户的注释说明（可选）。

⑥Directory：用户的主目录。

⑦Shell：用户所使用的Shell。

useradd命令不使用任何选项，添加的新用户属性使用系统预设的默认值。新添加的user01用户UID和GID都是1002，家目录是/home/user01，登录Shell为/bin/bash。

（2）在系统用户密码存储文件/etc/shadow中添加新用户密码信息。

```
# cat /etc/shadow
……
user01：$6$0yEadFvM$FBkTS2Tog3U9EM6Ga5Y3BdneOBTEnbGG7oG-
B2qVa9dpo8EyHcN.LHj4XFQ8zluNqeBLaUghzJlRJcmIX6lAjz1：16153：0：
99999：7：：：
```

/etc/shadow文件用于存放用户密码相关的信息。该文件的权限值为000（任何人没有任何权限），只有root用户可以突破这一限制。该文件同样用"："将文件分割成9个字段，每一个字段的意义如下：

①登录名。

②经md5加密的用户密码（前面有"*"或"！"，则账号被锁定无法使用）。

③密码上一次被更改的日期（格式：1970年1月1日后的日期）。

④密码不可更改的天数（密码最短时间，密码要过多少天才能被修改）。

⑤密码过期时间（密码最长时间，密码过多少天后必须被更改）。

⑥密码过期前警告时间。

⑦密码过期几天后账号失效（在此时间段内要求用户修改密码）。

⑧账号失效日期（格式：1970年1月1日后的日期）。

⑨保留，目前未定义。

默认情况下，用户被设置为永不过期。

（3）在组账号信息配置文件/etc/group中添加相关私人组新行。

```
user01：x：1002：
```

组账号信息配置文件三个字段分别表示组名、密码标示（加密密码存储在/etc/gshadow中）、组ID号，GID应该与/etc/passwd文件中对应用户的GID一致。

（4）在组的密码存储文件/etc/gshadow中添加新行。

```
user01：！：：
```

（5）在系统/home目录下创建用户的同名家目录。

```
# ls -l /home
drwxr-xr-x 2 user01 user01 4096 Jun 24 17：42 user01
```

用户家目录（也称主目录或主文件夹）属于user01用户和user01组，只有user01用户对该文件夹有读、写、执行的权限，所有其他权限被拒绝。关于文件权限将在下一任务详细说明。

（6）将/etc/skel目录下默认的用户配置文件复制到用户的家目录。

```
# ls -la /home/user01
总用量 28
drwxr-xr-x2 user01 user01 4096 Jun 24 17：42 .
drwxr-xr-x 4 root   root   4096 Jun 24 18：01 ..
-rw------- 1 user01 user01   5 Jun 24 19：21 .bash_history
-rw-r--r-- 1 user01 user01  220Jun 9 20：13 .bash_logout
-rw-r--r-- 1 user01 user01 3526Jun 9 20：13 .bashrc
-rw-r--r-- 1 user01 user01  807Jun 9 20：13 .profile
```

（7）在系统邮件存储目录创建用户邮箱文件（可选）。

```
# ls -l /var/mail/
-rw-rw---- 1 user01 mail   0 Jun 24 17：42 user01
```

4. usermod命令修改用户账号信息

用法： usermod [option] user_name。

常用选项：

-L：锁定账号（在/etc/shadow 中密码部分前加一个"！"），-U 解锁。

-l：改变用户的登录名。

除以上选项，usermod 使用与 useradd 相似的选项和参数指定修改用户账号属性信息。

示例： 修改用户账号信息的注释说明。

```
# usermod -c "web user" user01
# cat /etc/passwd |grep user01
user01：x：1002：1002：web user：/home/user01：/bin/bash
```

示例： 使用 usermod 锁定和解锁账号。

（1）使用 -L 选项锁定用户，限制用户登录。

```
# usermod -L user01
```

（2）查看用户的密码文件，此时在密码字段前添加了"！"号，用户不能登录。

```
# grep user01 /etc/shadow
user01：！$6$0yEadFvM$FBkTS2Tog3U9EM6Ga5Y3BdneOBTEnbGG7oG-
B2qVa9dpo8EyHcN.LHj4XFQ8zluNqeBLaUghzJlRJcmIX6lAjz1：16153：0：
99999：7：：
```

（3）使用 -U 的选项解锁被锁定的用户。

```
# usermod -U user01
# grep user01 /etc/shadow
user01：$6$0yEadFvM$FBkTS2Tog3U9EM6Ga5Y3BdneOBTEnbGG7oG-
B2qVa9dpo8EyHcN.LHj4XFQ8zluNqeBLaUghzJlRJcmIX6lAjz1：16153：0：
99999：7：：
```

5. userdel 命令删除用户

用法： userdel [options] user_name。

常用选项： -f：强制删除用户即使该用户仍在登录；-r：删除用户的同时删除该用户的家目录和邮件。

示例： 删除一个用户。

```
# userdel user01
# ls /home
skills  user01  user02
```

没有使用 -r 的选项，删除了用户，而用户的家目录被保留。

注意

（1）如果用户同名组没有其他成员，则连同删除，反之保留。

（2）在系统中新建一个用户时，系统可能将一个已经删除的旧用户的 UID 重新分配给新用户，如果在删除旧用户时没有删除该用户的文件（在家目录或散落在其他位置），新用户就获得旧用户原来在系统中的文件的所有权，这种情况将导致信息泄漏和其他安全问题。解决的方案是使用 find 命令指出这些文件进行删除或备份（改变权限）。

6. groupadd 命令新建组群

用法：groupadd [options] group_name。

常用选项：-g：指定新建组的 GID。使用 -o 的选项，可以使用重复的 GID。使用 -r 的选项来建立系统账号。

示例：新建一个新组。

```
# groupadd sales
```

7. 组群管理命令示例

示例：给组群添加密码，使知道密码的用户能加入该临时组。

（1）修改组 sales 的密码。没有设密码的组是不允许用户申请加入的。

```
# gpasswd sales
```

（2）添加用户 zhangsan，切换到用户，查看用户当前所属的组群。

```
# useradd zhangsan
# su – zhangsan
$ groups
zhangsan
```

（3）用户主动申请加入组群 sales。

```
$ newgrp sales
密码：
```

```
$ groups
sales zhangsan
```

（4）用户退出组群 sales。

```
$ exit
$ groups
zhangsan
```

（5）删除组 sales 的密码，禁止以后用户再主动加入。

```
# gpasswd -r sales
```

示例： 设置组群管理员，用来管理组成员。

（1）添加用户 lisi，将用户 zhangsan 加入 sales 组。

```
# useradd lisi
# gpasswd -a lisi sales
```

（2）将用户 lisi 设置为组 sales 的管理员。

```
# gpasswd -A lisi sales
```

（3）切换到用户 lisi，行使管理权限，将用户 zhangsan 加入组 sales。

```
# su - lisi
lisi@365linux：~ $ gpasswd -a zhangsan sales
Adding user zhangsan to group sales
```

（4）此时用户 zhangsan 成为组 sales 的成员，切换组时不需要组密码。

```
$ groups
zhangsan sales
$ newgrp sales
$ groups
sales zhangsan
```

（5）组管理员 lisi 将用户 zhangsan 从 sales 组中删除。

```
lisi@365linux：~ $ gpasswd -d zhangsan sales
```

> Removing user zhangsan from group sales

示例： 修改组名，将组 sales 的组名称改为 xiaoshou。

> # groupmod -n sales xiaoshou

示例： 删除组 xiaoshou。

> # groupdel xiaoshou

8. 其他有用的命令

（1）id 命令输出用户简要信息。

示例： 查看用户 user02 的 uid、gid、组。

> # id user02
>
> uid=1000（user02）gid=1000（user02）组 =1000（user02）

（2）使用 chage 查看或修改用户的账号和密码信息：

示例： 查看用户的账号和密码信息。

> # chage -l user02
>
> Last password change   : Mar 24，2014
>
> Password expires   : never
>
> Password inactive   : never
>
> Account expires   : never
>
> Minimum number of days between password change   : 0
>
> Maximum number of days between password change   : 99999
>
> Number of days of warning before password expires   : 7

示例： 设置用户 user02 账号过期时间是 2014-12-28。

> # chage -E ″2014-12-28″ user02

注意

　　在创建用户时或之后为用户设置有效期，对于一些雇用人员临时开启的账号是非常有用的。账号在临时人员离开后自动失效，可以避免一些安全上的隐患。

（3）使用 pwck 对用户进行一致性检查。

示例： 检查系统内用户账号信息的完整性。

> # pwck

```
user 'adm': directory '/var/adm' does not exist
……
pwck：无改变
```

输出中系统账号家目录信息的缺失是正常的。

（三）切换账号

在命令行中，可以很方便地切换到不同的用户。普通用户要想切换到任意别的用户，必须输入目标用户的密码；管理可以随时切换到其他的用户而不需要用户密码。切换用户可以使用以下命令：

su：切换到其他用户，即以目标用户的身份登录系统继续工作。

sudo：并不真的切换用户，而是以管理员的身份执行命令。

1. 使用 su 命令切换账号

示例： 用户 user02 切换到 user03，前提是 user03 设置了密码可以登录。

```
user02@365linux： ~ $ su - user03
Password：
user03@365linux： ~ $
```

示例： 用户 user03 退出登录，返回 user02。

```
user03@365linux： ~ $ exit
logout
user02@365linux： ~ $
```

示例： 用户 user02 切换到管理员用户 root，用户名可以省略。

```
user02@365linux： ~ $ su -
Password：
#
```

注意

　在切换用户时使用 su 命令，在 su 和用户名之间的选项使用 "-" 或不使用，结果存在差异。不使用时，切换用户但不会切换到目标用户的目录和 Shell 环境变量。而使用时任何环境因素都会初始化，效果相当于目标用户登录后。

2.使用sudo命令获得root用户权限

在生产环境中，特别是多用户进行项目协作的场景下，需要管理员权限时，管理员不能直接告诉root用户账户的密码，而应该使用sudo方式授予普通用户部分管理员权限。这在权限控制和问责机制中非常重要。

在RHEL系统中，普通用户要使用sudo方式临时获得管理员的权限执行命令，需要管理员提前将这个普通用户添加到sudo的配置文件中的授权用户列表中。默认情况下，所以普通用户均不可以使用sudo。

示例：授权普通用户可以使用sudo临时获得root权限。

（1）使用visudo命令编辑sudo配置文件/etc/sudoers。

```
# visudo
demo ALL=（ALL）ALL
```

在文件的最后加入demo用户，这一行配置的含义是允许demo用户使用sudo在任何地方运行任何命令，即授予最大权限。

（2）切换到普通用户demo，演示使用sudo方式可以实现创建新用户。

```
# su - demo
$ useradd user05
-bash：/usr/sbin/useradd：Permission denied
$ sudo useradd user05
[sudo] password for demo：
```

使用sudo时需要确认用户的身份，此时输入的demo用户自身的密码，而不是root用户的。这样既可以给普通用户授予管理系统的权限，又避免了泄露root用户的密码。而且在必要时，容易根据不同的用户记录追踪用户的操作记录。

（四）用户账号初始化

1.用户特定配置文件

当用户被创建时，系统从/etc/skel/目录下复制用户的配置文件到用户的家目录。这些配置文件用来定义用户的工作环境，如PATH路径、命令别名等。这些文件位于每个用户的家目录内，所以只对当前用户有效。如下：

> ~ /.bashrc：定义函数和别名。
>
> ~ /.bash_profile：设置环境变量。
>
> ~ /.bash_logout：定义用户退出时执行的命令。

注意

> 对于要在系统中经常执行的复杂的命令可以使用别名的方式将其输入简化，为了保证下一次启动依然有效，可将别名定义在bashrc文件中。

2.全局用户配置文件

顾名思义，这些是对所有用户都生效的设置，如下：

/etc/bashrc：定义函数和别名。

/etc/profile：设置环境变量。

/etc/profile.d：目录下的脚本被/etc/profile引用。

3.系统预设的值

用户的属性信息的默认值在文件/etc/login.defs中被定义。

示例： 查看/etc/login.defs，使用grep命令过滤掉文件中的以#开头的注释行。

```
# grep -v '^#' /etc/login.defs
MAIL_DIR /var/spool/mail
PASS_MAX_DAYS99999
PASS_MIN_DAYS    0
PASS_MIN_LEN     5
PASS_WARN_AGE  7
UID_MIN                    500
UID_MAX                    60000
GID_MIN                    500
GID_MAX                    60000
CREATE_HOME    yes
UMASK                    077
USERGROUPS_ENAB yes
ENCRYPT_METHOD SHA512
```

创建新用户的默认属性信息在配置文件 /etc/default/useradd 中被定义。

示例： 查看 /etc/default/useradd 文件中的配置项。

```
# cat /etc/default/useradd
# useradd defaults file
GROUP=100
HOME=/home
INACTIVE=-1
EXPIRE=
SHELL=/bin/bash
SKEL=/etc/skel
CREATE_MAIL_SPOOL=yes
```

示例： 使用 uesradd 命令列出系统预设的添加用户信息的默认值。

```
# useradd -D
GROUP=100
HOME=/home
INACTIVE=-1
EXPIRE=
SHELL=/bin/bash
SKEL=/etc/skel
CREATE_MAIL_SPOOL=yes
```

命令输出结果分别表示新创建用户的组群 ID 初始值，用户家目录的上一级目录，账号过期后失效时间，账号过期日期，默认的登录 Shell，用户默认配置文件的源目录（从指定的目录中拷贝配置文件到用户的家目录），默认创建用户邮箱文件。

可以通过"useradd -D"加上相应的选项更新这些预设值。可使用的选项如下：

-b：定义用户家目录的上一级目录。

-e：用户账号的过期日期。

-f：用户账号过期几日后失效。

-g：新建用户的起始群组或 ID。

-s：新建用户登录后使用的 Shell。

五、任务总结

本任务主要了解了Linux用户和组的管理。用户和组是Linux系统的基本概念，是实现多用户协作，权限分配，文件共享等任务的基础。理解普通用户和root用户的特点，在需要时切换到root用户或者获取管理权限。

在实际工作中，管理员要对系统全局环境或者用户的特定文件进行设置，以满足项目对于用户需求。比如设置所有新建用户自动属于某个特定的组。

当需要一次性重复创建很多账号时，可以编辑shell脚本批量处理。

不管实际应用如何变化，用户和组的基本原则是不变的。

本任务重点

（1）了解用户的基本概念，RHEL系统用户类型。

（2）使用图形界面用户管理工具查看、添加、修改、删除用户。

（3）使用命令行工具查看、添加、修改、删除用户。

（4）理解添加用户时系统的实现过程。

（5）了解组的基本概念，添加和删除组。

六、任务实践

（一）巩固练习

1.问题

（1）什么命令（选项）能够用来创建一个用户JSmith，并且描述为"Jr Admin"？

（2）/etc/shadow每个字段的意义？

（3）哪个命令可以创建组sales？怎样把用户JSmith添加到这个组？

（4）有什么方法可以提升普通用户的权限来运行系统命令？

2.用户和组的管理

（1）创建如用户和组，要求如下：

用户名：user01；密码：password；家目录：/home/user01；Shell：BASH；描述："Normal User"；UID：600；GID：800；user01是sales组的成员。

（2）创建一个新的用户，要求如下：

> 用户名：user02；密码：secret；家目录：/var/user02；Shell：BASH；描述："Auditor"；UID：601；GID：800；user02是sales组的成员。

（3）创建一个新的用户，要求如下：

> 用户名：user03；密码：supercool；家目录：none；Shell：none；描述："Fake Account"；UID：602；GID：801；user03是engineering组的成员。

（二）综合项目

1.自定义Profile：

（1）创建一个文件hr_notice.txt，内容如下：

> Human Resource Notice
> All employees are subject to random drug tests.
> Sincerely，
> HR

（2）设置当系统创建新的用户时，hr_notice.txt文件会被复制到其目录。

2.完成如下操作

（1）修改用户user01的用户名为user001，登录的Shell为csh。

（2）修改user001的密码有效期为30天，提前3天警告，密码过期后2天账号失效，并设置账号永久失效日期为下月的28号。

（3）将用户user02加入组developers，并使其成为组的管理员。

（4）切换到用户user03，使其临时切换主组为developers。

（5）使用3种以上的方法限制user004登录，测试比较他们的区别。

（三）技能拓展

根据添加用户时系统实现过程的解析，不使用useradd、passwd、groupadd命令，仅使用VIM、cp、touch、grub-crypt（生成加密码）、chown、chmod等命令创建一个用户，测试其正常登录。

任务

8

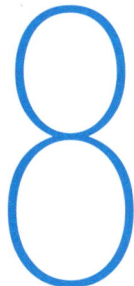

Linux 文件权限管理

一、任务描述

通过文件的权限控制用户对文件的访问。Linux 文件权限系统简单而又灵活，易于理解和应用，又可以轻松地处理最常见的权限情况。

二、任务目标

（一）知识目标

（1）认识权限控制的作用。

（2）使用 GUI 工具管理权限。

（3）使用命令行管理权限。

（4）认识特殊权限的作用。

（5）认识隐藏的扩展属性（权限）。

（6）认识访问控制列表 ACL。

（二）能力目标

（1）认识各种权限的作用与应用场景。

（2）熟练运用工具对各种权限进行管理。

（3）通过权限级别管理养成IT信息安全意识。

三、基本原理

（一）认识权限控制的作用

文件只具有三种应用权限的用户类别和三种基础的控制权限。应用权限的用户类别：

1.文件拥有者

文件归用户所有，通常是创建文件的用户，但可以更改。

2.文件所属组

文件归单个组所有，通常为创建该文件的用户的主要组。但可以更改。

3.其他用户

除了拥有者，所属组外的其他用户。应用权限时，用户权限优先级高于组的权限，高于其他人的权限。

> **注意**
>
> 每个用户都有自己所属的组，每个文件也有所属的组，这两个组的意义是不同的。文件所属组可以恰好是该文件拥有者的所属组，也可以是另一个不同的组。

三种基础的控制权限：读取、写入和执行。这些权限的作用如表8-1所示。

表8-1　文件和目录的权限

权限	对文件的影响	对目录的影响
r（读取）	可以读取文件的内容	可以列出目录的内容（文件名）
w（写入）	可以更改文件的内容	可以创建或删除目录中的任一文件
x（执行）	可以作为命令执行文件	可以访问目录的内容（还取决于目录中文件的权限）

注意

　　访问并进入目录需要用户同时对目录有读取和执行的权限。如果用户仅对某目录有读取的访问权限，则可以列出其中文件的名称，但是其他信息（包括权限或时间戳）都不可用，也不可访问。如果用户仅对某目录具有执行的权限，则用户不能列出该目录中文件的名称，但是如果用户已经知道对其具有读取权限的文件的名称，那么可以通过明确指定文件名来访问该目录下指定文件的内容。

　　默认情况下，如果用户对某个目录具有写入的权限，那么他可以删除该目录下的任何文件，不论被删除文件的拥有者是谁，权限设置如何。

　　示例：在命令行中列出文件的属性。

```
$ ls -l /etc/man.config
-rw-r--r-- 1 root root 4940 Jun 17 2021      /etc/man.config
文件类型与权限 链接数 拥有者 所属组 文件大小 文件被创建或修改日期
文件名
```

　　除去文件类型的标识位，文件权限字段一共9个符号，每三个符号为一组，分别表示文件拥有者的权限，所属组的权限和其他人的权限。如示例中的文件，拥有者为root用户，他的权限为rw-（可读、可写、执行权限位上没有执行权限）；所属组为root组，所属组的权限为r--（仅有可读的权限）；其他人也是仅有可读的权限。

　　示例：在命令行中列出目录的属性

```
$ ls -ld /home/skills/
drwx------- 29 skillsskills 4096 3月 24 04：48 /home/skills/
```

　　该目录的权限为只有拥有者demo用户对它有读、写、执行的权限，所属组和其他人都没有任何权限。这是用户家目录的特点，只有用户本身才能访问自己的家目录。

（二）认识特殊权限的作用

　　系统中有些地方的设计需要一些特殊的权限。比如passwd命令，普通用户在使用passwd命令修改自己的密码时，也需要更新/etc/shadow文件，而该文件只有管理员可以修改，这就意味着，普通用户成功修改了自己的密码，那么他在运行passwd命令时获得管理员的权限或者说是使用root的身份在执行。这是怎么做的呢。

示例： 查看passwd命令的权限。

```
$ ls -l 'which passwd'
-rwsr-xr-x 1 root root 25980 Jun 17 2022 /usr/bin/passwd
```

看到在root用户的权限位上是rws，这表示在执行权限位上，除了x还有一个setuid的权限，这个就是特殊权限的一种。

特殊权限对文件和目录的影响如表8-2所示。

表8-2　特殊权限对文件和目录的影响

特殊权限	对文件的影响	对目录的影响
u+s（setuid 或者 suid）	以拥有文件的用户身份执行文件，而不是以运行文件的用户身份	无影响
g+s（setgid 或者 sgid）	以拥有文件的组身份执行文件	在目录中最新创建的文件将其组所有者设置为与目录的组所有者相同
o+t（sticky）	无影响	对目录具有写入权限的用户仅可以删除其拥有的文件，而无法删除其他用户所拥有的文件

示例： 含有sgid权限的文件。

```
# ls -l /usr/bin/wall
-r-xr-sr-x. 1 root tty 10932 6月  18 2013 /usr/bin/wall
```

示例： 含有sticky权限的目录。

```
# ls -ld /tmp
drwxrwxrwt. 30 root root 4096 3月  26 08：17 /tmp
```

注意

　　因为特殊权限和执行权限在同一个位置上，所以特殊权限的大小写表示了该位置上是否还有可执行权限。如果特殊权限为小写，则表示此处有x权限；如果特殊权限为大写，则表示此处没有x权限。不过从特殊权限的应用角度来看，其总是要伴随x权限一起使用才有实际意义。

（三）访问控制列表ACL

Linux系统通常的权限管理只是针对文件或目录的拥有者、所属组，其他人进行读、写、执行的权限的划分。如果要对某个文件或目录进行除了上述三类用户的单一特定用户或组进行更细致的权限划分，例如，针对某个文件，除了拥有者和组外，其他人都没有读取的权限，而其他用户需要读取权限需要借助ACL（Access Control List）进行。

ACL的使用需要文件系统的支持，目前绝大部分的Linux文件系统（如EXT2/3/4、JFS、XFS）支持ACL的功能。在RHEL中ACL是默认启动的。如果系统默认没有启动ACL的功能，则需要添加ACL属性并重新挂载文件系统以获取ACL的支持（后面的章节介绍文件系统挂载的操作）。

在确定某个进程是否能够访问某一文件时，权限的优先级如下：

（1）如果是以文件的拥有者身份运行该进程，那么就应用该文件的拥有者权限。

（2）如果是以列于用户ACL条目中的用户运行该进程，那么就应用用户ACL（只要受mask允许）。

（3）如果是以文件的所属组身份或具有明确组ACL条目的组身份运行该进程，如果权限是由任意匹配组授予的，则应用组的权限（只要mask许可）。

（4）否则，应用文件的其他权限。

其中，mask称作具有ACL的文件的掩码，用于限制组成员和ACL补充用户和组成员的最大权限。

四、操作案例

（一）使用GUI工具管理权限

Nautilus文件管理器允许您使用最常见的配置对文件的基本权限进行设置或更改。

打开Nautilus文件管理器，在选定的文件或文件夹上右击，在弹出的菜单中选择单击"属性"，单击"权限"选项卡，即文件权限的配置界面，如图8-1所示。

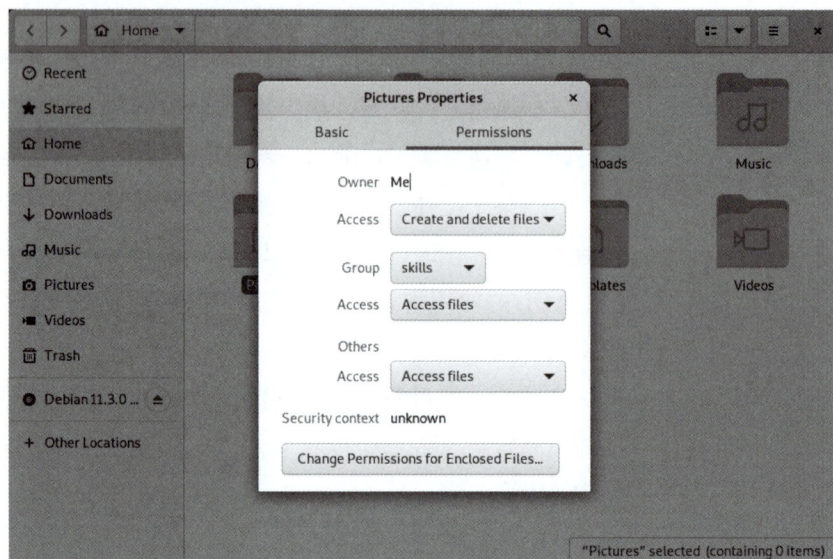

图8-1　文件属性"权限"

在Nautilus文件浏览器中，文件或目录的图标外观区别反映出当前用户对文件是否有访问的权限，如图8-2所示。

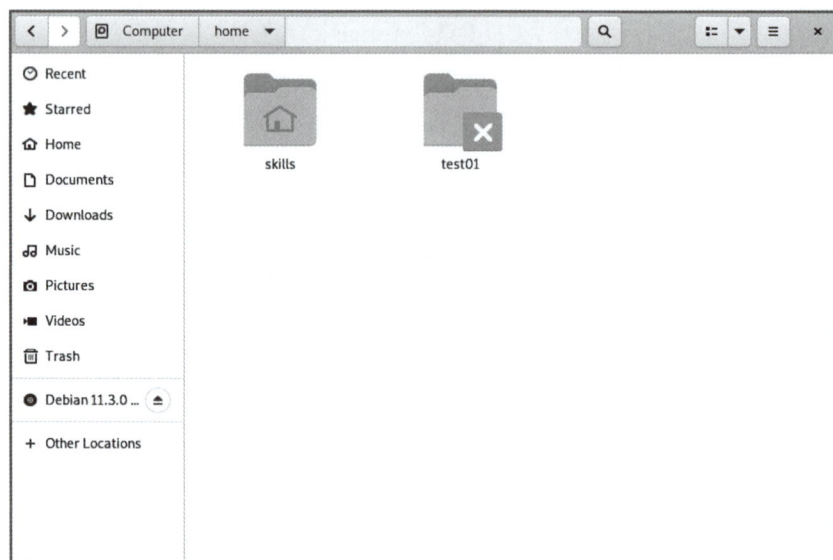

图8-2　Nautilus文件浏览器中文件图标

（二）在命令行中管理权限

前文已经示例在命令行中查看文件或目录的权限。

要更改文件的权限，可使用 chmod 命令。

1. 使用 chmod 命令更改文件权限

用法：

> chmod[选项]...　模式[，模式]...　文件...
>
> 或：chmod [选项]...　八进制模式　文件...
>
> 或：chmod [选项]...　--reference=参考文件　文件...

chmod 有两种命令使用模式：

（1）符号模式：

> chmod [-R] [ugoa][+-=][rwx] 文件|目录

u、g、o、a 分别代表拥有者、所属组、其他人、全部。

+、-、= 分别代表添加、删除、精确设置指定的权限。

r、w、x 分别代表读取、写入、可执行的权限。

（2）数字模式：

> chmod [-R] ### 文件|目录

是三位八进制数字，每一位数字分别代表拥有者的权限值、所属组的权限值、其他人的权限值。八进制模式与符号模式权限表示方法的对应关系是：4 相当于 r，2 相当于 w，1 相当于 x。

每一位数字是某个角色（如拥有者）对该文件所拥有的权限总和。如果文件的拥有者的权限用符号模式表示是 rwx，那么用数字模式表示就是 7（即 4+2+1=7）。

常用选项：

-R：以递归方式更改所有的文件及子目录。

示例： 设置 file 文件的拥有者加上执行的权限，其他人去除读取的权限。

> $ ls -l file
>
> -rw-rw-r-- 1 skillsskills 267 Jun 19 12：45 file
>
> $ chmod u+x，o-r file
>
> $ ls -l file
>
> -rwxrw---- 1 skillsskills 267 Jun 19 12：45 file

注意

当文件有了可执行权限时，文件在终端中会颜色高亮。

示例：精确设置文件的权限。

```
$ chmod u=rw，g=r file
```

设置 file 文件的拥有者的权限为可读可写，组仅可读，其他人没有权限。

示例：统一设置目录及目录下所有文件的权限。

```
$ chmod -R+w targetdir/
```

给目录 targetdir 及该目录下的所有文件在所有用户类型权限位上添加可写的权限。

示例：使用数字方式设置文件的权限。

```
$ chmod 755 file
```

设置文件 file 的权限为 rwxr-xr-x，即拥有者可读、可写、可执行，组和其他人都为可读可执行。

2.使用 chown 命令更改文件用户所有权

要更改文件或文件夹的用户或组的所有权，使用 chown 或 chgrp 命令。

用法：

```
chown [选项]... [所有者][：[组]] 文件...
或：chown [选项]... --reference=参考文件 文件...
```

示例：改变文件 file 的所有者。

```
：/home/demo# ls -l file
-rwxr-xr-x 1 demo demo 267 Jun 19 12：45 file
：/home/demo# ls -l file chown zhangsan file
：/home/demo# ls -l file
-rwxr-xr-x 1 zhangsan demo 267 Jun 19 12：45 file
```

示例：改变文件 file 的所属组。

```
：/home/demo# chgrp mail file
```

```
：/home/demo# ls -l file
-rwxr-xr-x 1 zhangsan mail 267 Jun 19 12：45 file
```

示例：同时改变用户和组的所有权，并使用 −R 选项递归目录和目录下的所有文件。

```
：/home/demo# chown zhangsan：mail targetdir/
```

注意

在变更文件或目录的用户和组的所有权时，前提条件是指定的目标用户和组在系统中已经存在。

（三）设置特殊权限

用符号法设置：setuid = u+s；setgid = g+s；sticky = o+t。
用数字法设置：setuid = 4；setgid = 2；sticky = 1。
示例：给目录设置 sgid 权限。

```
# chmod u+s directory
或者
# chmod 2775 directory
```

注意

因为 setuid 可以让普通用户拥有 root 的身份和权限，所以为安全起见，你应该留意系统中含有 setuid 位的程序或脚本是否异常。可以通过 find 命令从系统中找出它们：
find / −perm −4000

（四）隐藏的扩展属性（权限）

为了极大地保证文件的安全，Linux 文件系统还文件预留了一些扩展的属性，比如设置让 root 用户也无法删除文件的权限。这些属性被隐藏了起来，需要特定的命令才能查看和设置。
示例：查看文件的扩展属性。

```
# lsattr testfile.txt
-------------e- testfile.txt
```

"e"就是一个扩展属性，表示使用磁盘块映射。这是一个默认的属性，不能去除。

示例：设置文件的扩展属性。

```
# chattr+i testfile.txt
# lsattr testfile.txt
---- i -------- e- testfile.txt
```

给文件添加"i"的属性表示该文件不能被删除、不能修改、不能重命名、不能创建链接。更多的文件扩展属性设置选项可以通过"man chattr"来获得详细的说明。

（五）访问控制列表ACL

1.getfacl命令

描述：查看文件或目录的ACL权限。

用法：getfacl [options] file …。

示例：查看文件的ACL。

```
/test# getfacl testfile
# file：testfile
# owner：root
# group：root
user：：rw-
user：zhangsan：rwx
group：：r--
mask：：rwx
other：：r--
```

文件testfile的用户和组都是root，它的权限是644，只有root用户是读写，其他人都是只读。而设置了ACL，ACL用户zhangsan则对该文件拥有读、写、执行的权限。

对于添加了ACL的文件，使用ls -l命令列出时，权限位的最后带有"+"号，如下：

```
/test# ls -l testfile
```

```
-rw-rwxr--+1 root root 75 Jun 26 09：33 testfile
```

2. setfacl 命令

描述： 设置某个文件或目录的 ACL 权限。

用法： setfacl [–bkndRLP] { –m|–M|–x|–X … } file …。

常用选项：

-m：设置或修改文件的 ACL 权限。

-x：取消文件的一个 ACL 权限。

-b：删除文件所有的 ACL 权限。

-k：删除所有的默认的 ACL 权限。

--set：设置文件的 ACL，替代当前的 AC。

--mask：重新计算有效的 mask 值。

-R：递归子目录。

-d：设置默认的 ACL 权限，仅能针对目录使用。

--restore：从文件恢复备份的 ACL。

示例： 使用 setfacl 命令设置文件的 ACL。

（1）针对用户 zhangsan 来设置权限为 rwx。

```
/test# setfacl -m u：zhangsan：rwx acltest.file
```

（2）针对组 sales 来设置权限为 rw。

```
/test# setfacl -m g：sales：rw acltest.file
```

（3）设置限制的权限为 r。

```
/test# setfacl -m m：r acltest.file
```

（4）查看文件当前的 ACL。

```
/test# getfacl acltest.file
# file：acltest.file
# owner：root
# group：root
user：：rw-
user：zhangsan：rwx              #effective：r--
group：：r--
group：sales：rw-               #effective：r--
```

```
mask:: r--
other:: r--
```

最终的权限：文件的拥有者root为rw-；ACL用户zhangsan的权限为rwx，但因为设置了限制权限mask为r--，两个权限相与后，最终zhangsan对该文件的权限为r--；同理，文件所属组的权限为r--；ACL组zhangsan的权限受mask的影响也为r--；其他人的权限为r--。

设置ACL权限，如果同时设置多个权限，权限之间使用","分隔。

示例： 同时设置多个ACL用户和组的权限。

```
/test# setfacl -m u：user03：rwx，u：user04：rwx，g：sales：rw testfile
```

示例： 删除ACL权限。

```
/test# setfacl -x g：zhangsan acltest.file
```

示例中删除的ACL组的权限，删除ACL用户权限用户类似。删除后可执行getfacl命令查看结果。

示例： 一次性删除所有的ACL权限。

```
/test# setfacl -b acltest.file
```

（5）设置目录默认的ACL。

如果希望在一个目录中新建的文件和子目录都使用同一个预定的ACL，那么我们可以使用默认（Default）ACL。在对一个目录设置了默认的ACL以后，每个在目录中创建的文件都会自动继承目录的默认ACL作为自己的ACL。

示例： 设置目录默认的ACL。

①设置目录testdir的ACL指定组sales的权限为rwx。

```
/test# setfacl -d -m g：sales：rwx testdir/
```

②查看目录testdir当前的ACL权限。

```
/test# getfacl testdir/
# file：testdir/
# owner：root
# group：root
```

```
user:: rwx
group:: r-x
other:: r-x
default: user:: rwx
default: group:: r-x
default: group：sales: rwx
default: mask:: rwx
default: other:: r-x
```

③在目录testdir中创建一个文件file.txt。

```
/test# touch testdir/file.txt
```

④查看该文件的权限，自动继承了上级目录的ACL（受文件默认的mask影响）。

```
/test# getfacl testdir/file.txt
# file：testdir/file.txt
# owner：root
# group: root
user:: rw-
group:: r-x                    #effective：r--
group：sales: rwx              #effective：rw-
mask:: rw-
other:: r--
```

（6）备份和恢复ACL。

主要的文件操作命令cp和mv都支持备份时保留文件的ACL，cp命令需要加上–p参数。但是tar等常见的备份工具是不会保留目录和文件的ACL信息的。这种情况下，如果备份和恢复带有ACL的文件和目录，那么可以先把文件的ACL权限信息备份到一个文件里。以后用--restore选项来回复这个文件中保存的ACL信息。

示例： 文件的ACL信息备份和恢复。

①查看目录及其所有子目录和文件当前的ACL信息。

```
/test# getfacl -R testdir/
# file：testdir/
```

```
# owner: root
# group: root
user:: rwx
group:: r-x
other:: r-x
default: user:: rwx
default: group:: r-x
default: group: sales: rwx
default: mask:: rwx
default: other:: r-x


# file: testdir//file.txt
# owner: root
# group: root
user:: rw-
group:: r-x                    #effective: r--
group: sales: rwx              #effective: rw-
mask:: rw-
other:: r--
```

②备份目录及其子目录中文件的 ACL。

```
/test# getfacl -R testdir/ > testdir.acl
```

③为测试，删除原文件所有的 ACL。

```
/test# setfacl -R -b testdir/
```

④查看删除后的权限。

```
/test# getfacl -R testdir/
# file: testdir/
# owner: root
# group: root
user:: rwx
group:: r-x
other:: r-x
# file: testdir//file.txt
```

```
# owner：root
# group：root
user：：rw-
group：：r--
other：：r--
```

⑤从 testdir.acl 文件中恢复被删除的 ACL 信息。

```
/test# setfacl --restore testdir.acl
```

⑥查看恢复后的效果。

```
/test# getfacl -R testdir
略……和备份前一样。
```

（六）SELinux前瞻性

SELinux（安全增强性 Linux）是在传统的系统安全设置之外的额外机制，SELinux 的设置会影响用户、进程对系统资源的访问。

在某种程度上，它可以被看作是与标准权限并行的权限系统。在常规权限模式中，以用户身份运行进程，并且系统上的文件和其他资源都设置了权限（控制哪些用户对哪些文件具有哪些访问权限）标签。SELinux 通过可配置的策略控制哪些进程可以访问哪些文件。若要访问文件，用户或进程必须同时具有普通访问权限和 SELinux 访问权限。因此，即使以管理员用户身份 root 运行进程，根据进程以及文件或资源的 SELinux 安全上下文也可能被拒绝访问目标文件或资源。

SELinux 以此严格的安全限制策略来防范应用程序未知漏洞造成对系统的侵害。

对于 SELinux 的权限配置涉及的操作超出了本任务的难度。在此仅做简要介绍，将在后续的任务中涉及。

Debian 系统默认情况下是不开启 SELinux 的，在实验环境中，如果碰到 SELinux 权限受阻而又无法正确配置时，可将其禁用。禁用的方式有两种：临时失效和永久禁用。

示例：临时禁用 SELinux 安全机制，手动恢复或重启后重新生效。

（1）查看当前SELinux开关。

```
# getenforce
Enforcing
```

Enforcing表示当前SELinux开启。

（2）临时失效SELinux。

```
# setenforce 0
# getenforce
Permissive
```

使用setenforce命令设置为0，即Permissive（宽容）模式，SE-Linux安全机制不生效（仍会提示权限问题）。

（3）恢复SELinux。

```
# setenforce 1
# getenforce
Enforcing
```

示例：永久禁用SELinux。

（1）修改SELinux的配置文件。

```
# vim /etc/selinux/config
找到 SELINUX=enforcing
修改为 SELINUX=disabled
```

（2）重启系统使配置生效。

```
# reboot
```

注意

　在生产环境中，特别是处理面对外部网络的服务器，建议保持SELinux开启，以提高Linux系统的安全级别。对SELinux配置文件/etc/selinux/config的修改要非常小心，一旦配置错误，重启后会直接导致内核错误无法启动系统。

五、任务总结

因为 Linux 系统的基本权限设置了用户、组、其他三种所有者类型，读、写、执行三种文件权限简单明了的文件权限管理模式，所以对 Linux 文件权限管理是比较简洁而容易配置的。实际应用中，对于文件权限的理解非常重要，它是 Linux 系统对于系统资源和进程之间关系的基础。在后续对于系统应用、服务的配置过程中，程序无法启动，服务无法正常提供资源，很多情况下可能是由文件的权限配置不正确引起，甚至需要优先排查。而粗放的文件权限管理也会给系统的安全埋下隐患。

要理解和掌握 Linux 基础权限的管理。对于特殊权限、扩展属性、ACL 适当了解，它们通常情况下默认不会被开启使用。

本任务重点

（1）理解 Linux 系统文件权限设计。

（2）使用命令行工具管理权限。

六、任务实践

（一）巩固练习

为多用户创建共享工作目录。

在系统中创建三个账号，liuwei、licheng、zhangming，这些账号都是 technology 组的成员。

创建名为 /home/resource 的目录。修改此目录的权限，使目录的拥有者为 zhangming，所属组为 technology，用户和组成员都可以访问、创建和删除该目录中的文件，除此之外，其他人有只读的权限。在此目录中创建的文件应该自动被分配到属于 stooges 组。

（二）综合项目

在一台最小化安装的字符界面中，创建 user01、user02、user03 用户，且这三个用户都能在目录 /share/archive 创建文件；

（1）user01能够查看和删除所有人的文件；user02只能查看和删除自己的文件，不能查看和删除别人的文件；user03只能创建文件，不能查看和删除任何文件。

（2）限制 user02 用户在共享目录中最多创建3个文件。

（3）其他人不能访问此目录。

（三）技能拓展

使用 ACL 授予和限制访问权限。此实验开始之前需要在服务器上创建需要的用户和组。

研究生需要名为 /opt/research 的协作目录，用于存储他们的研究成果。只有组 profs 和 grads 中的成员能够在该目录中创建新文件，并且新文件应具有以下属性：

（1）目录应归 root 用户所有。

（2）新文件应归组 grads 所有。

（3）教授（组 profs 的成员）应自动拥有对新文件的读写访问权限。

（4）暑期实习生（组 interns 的成员）应自动拥有对新文件的只读访问权限。

（5）其他用户（不是组 profs、grads 或 interns 成员）绝对不能拥有对该目录及其内容的访问权限。

SSH 远程登录

一、任务描述

系统管理员需要管理和维护的 Linux 服务器，可能位于异地的网络机房内，或者是云服务器，远程登录 Linux 系统是运维工作中的最常见的操作。类 Unix 系统使用频率最高的远程登录的协议是 SSH，在 Debian 系统中，默认提供了 OpenSSH 工具用于远程登录。本次任务需要实现用户使用 SSH 客户端工具安全地登录到 Debian 系统，并实现一系列远程操作。

二、任务目标

（一）知识目标

（1）使用 SSH 客户端工具远程登录 Debian 系统。
（2）SSH 密钥对认证。

（3）SSH远程执行指令。

（4）SSH远程传输文件。

（5）SSH服务器端安全加固策略。

（6）查看用户登录相关安全日志。

（二）能力目标

（1）远程管理Linux服务器。

（2）保障Linux服务器不受非法入侵。

（3）培养IT信息安全意识。

三、基本原理

（一）SSH协议

Secure Shell（安全外壳协议，简称SSH）是一种加密的网络传输协议，可以在不安全的网络中为网络服务提供安全的传输环境。SSH通过在网络中创建安全隧道来实现SSH客户端与服务器之间的连接，在连接和传输数据的过程中使用双向非对称加密。SSH最常见的用途是远程登录系统，利用SSH可以传输命令行界面、远程执行命令和远程拷贝文件等功能。

（二）OpenSSH软件

OpenSSH（OpenBSD Secure Shell）是使用SSH协议实现计算机网络加密通信的软件工具。OpenSSH程序主要包含以下五个部分：

①SSH：SSH客户端。

②SSHd：SSH服务器。

③SSH-keygen：创建用于认证的密钥。

④SSH-agent，ssh-add：密钥管理工具。

⑤SSH-keyscan：扫描系统公钥。

在 Debian 系统中，通过安装 ssh（metapackage）软件包的方式可以同时安装 openssh-client、openssh-server 软件包。

（1）安装 SSH：

```
# apt install ssh
```

（2）查询系统中已安装的 openssh 软件包：

```
# dpkg -l |grep openssh
```

（3）查看系统中 openssh 软件包的版本：

```
# SSH -V
```

（三）SSH 服务器

在 Debian 系统中，SSH 服务器安装后即自动运行，监听网络接口的 22 号端口。服务的主配置文件是 /etc/ssh/sshd_config。

（1）查看系统中 SSH 服务的运行状态：

```
# systemctl status sshd
```

（2）查看 SSH 服务监听的网络接口及端口：

```
# ss -ntupl |grep sshd
```

（四）SSH 客户端

在 Debian 系统中，SSH 客户端为 OpenSSH 软件提供的 SSH 命令；在 Windows 系统中除了可以在终端中使用 SSH 命令，还有大量的 SSH 图形界面的客户端软件，如 putty、xshell、MobaXterm、WindTerm 等。

一般在用户的主目录下存在。SSH 的子目录，SSH 会把访问过的主机的公钥（public key）记录在 ~/.ssh/known_hosts。当下次访问相同的服务器时，OpenSSH 会核对公钥。如果公钥不同，OpenSSH 会发出警告，避免受到 DNS Hijack 之类的攻击。SSH 客户端的用户配置文件是～/.ssh/config，全局配置文件是/etc/ssh/ssh_config。配置示例：

```
# web server config
Host webserver1
    HostName 192.168.1.101
    User  demo
# database server config
Host dbserver
    HostName 192.168.1.102
    Port 2022
    User   admin
    IdentiyFile   ～/.ssh/id_ed25519
```

每项配置都是"参数名 参数值"的形式，参数名不区分大小写，参数值区分大小写。

Host：主机的昵称，可用于在ssh命令行中代替远程主机的主机名或IP地址。

HostName：主机IP地址或主机名。

Port：SSH客户端访问主机的端口号，默认是22端口。

User：SSH客户端登录时使用的用户名。

IdentityFile：认证的私钥证书文件。默认位置是～/.ssh/id_rsa或～/ssh/id_dsa等，如果采用默认的私钥证书，可以不用设置此参数，除非证书放在某个自定义的目录或指定了别的名称，那么就需要设置该参数来指向该证书。

四、操作案例

（一）从Windows系统远程登录Linux服务器

（1）在Windows系统中可以使用第三方SSH客户端远程登录Linux服务器，以PuTTY软件为例，如图9-1所示。

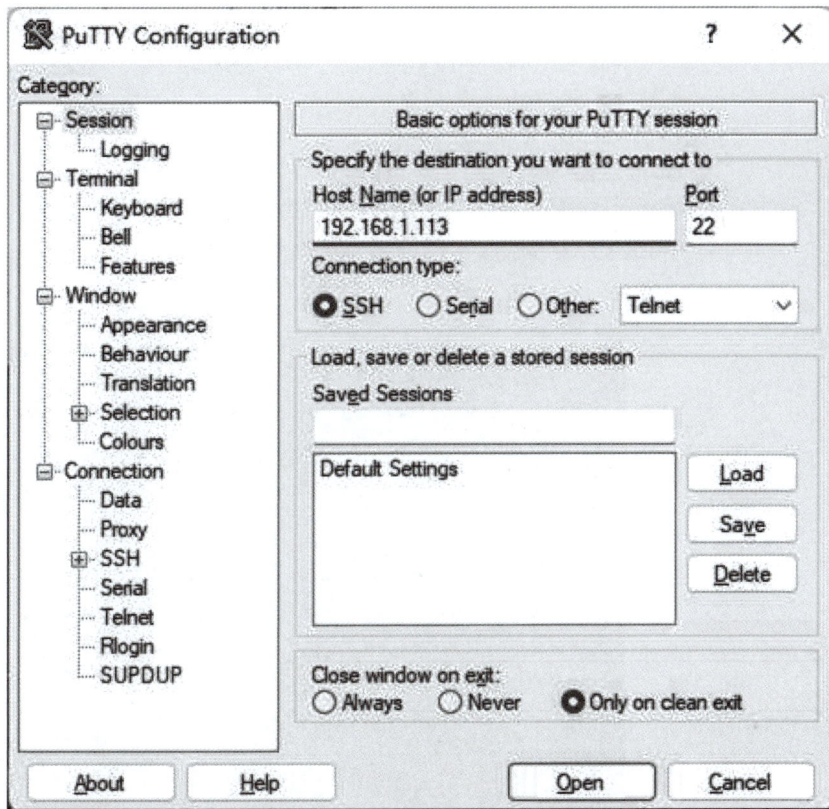

图9-1　使用PuTTY
软件连接 Linux 服
务器

（2）输入用户名和密码，服务器验证通过后，即成功登录远程服务器，可以执行命令操作，如图9-2所示。

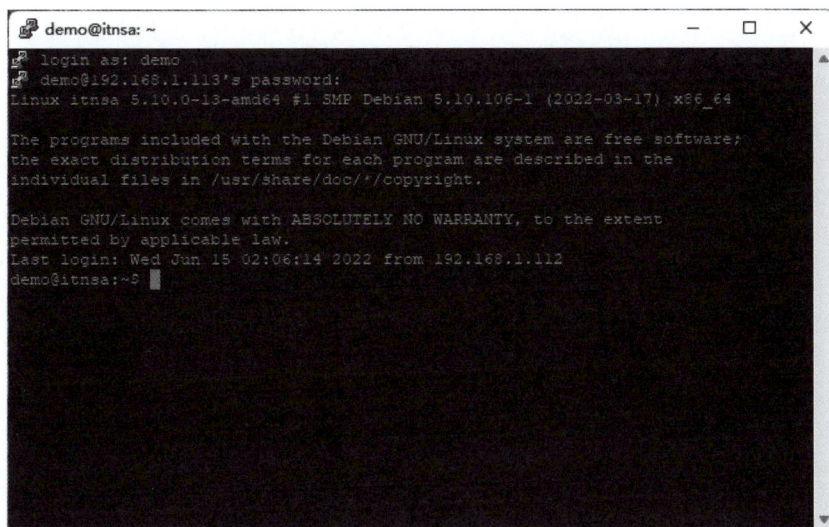

图9-2　使用PuTTY
软件成功登录Linux
服务器

（3）如果你使用 Windows 10 或 WindowsServer 2019 以上的系统，可以在设置→应用→可选功能中安装 OpenSSH 客户端。然后可以在 Windows 终端使用 SSH 命令远程登录 Linux 服务器："> ssh demo@192.168.1.113"。

（4）输入用户密码，服务器通过验证后，即成功登录远程服务器，不需要使用 PuTTY 或其他第三方软件，如图 9-3 所示。

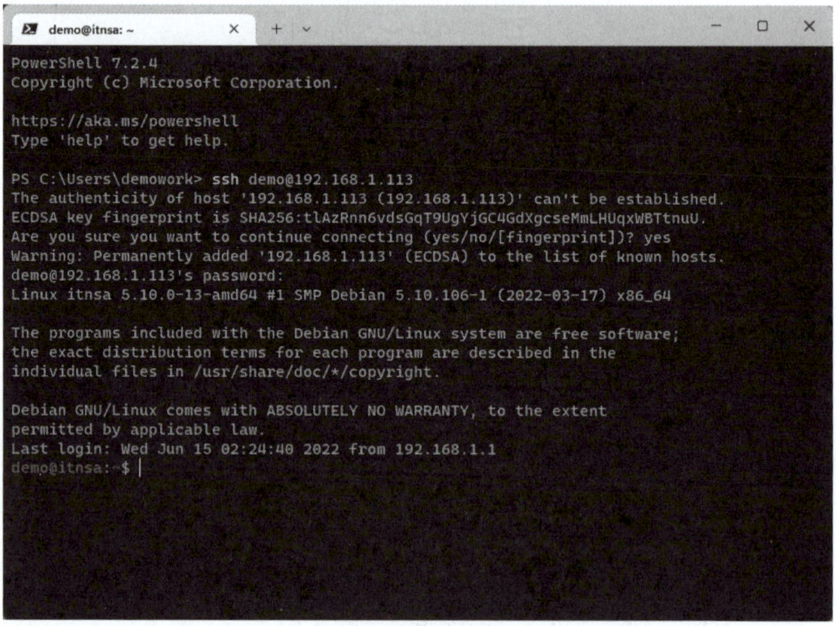

图9-3　使用 Windows 终端 ssh 命令登录 Linux 服务器

（二）从类 Unix 系统远程登录 Linux 服务器

类 Unix 系统（如 Linux、macOS）一般都自带命令行终端和 SSH 客户端，直接在终端下使用 SSH 命令登录：

```
$ ssh demo@192.168.1.113
```

（三）使用密钥对远程登录 Linux 服务器

SSH 客户端登录基于密码的安全验证方式，知道服务器的登录账号和密码，就可以登录远程主机。这种方式存在一定的安全隐患，比如密码被窥视泄漏、密码暴力破解。SSH 提供另一种级别的安全验证方式，即基于密钥的安全验证。SSH 客户端登录远程服务器，需要依靠密钥对。SSH 需要为自己创建一对密钥，并把公钥放在需要访问的服务器上。在客户端需要远程登录服务器时，客户端软件会向服务器发出请求，请求使用自己的私钥进行安全验证。服务器收到请求之后，会在被请求登录的用户家目录的。SSH 子目录下寻找对应的公钥，找到后与客户端发送过来的验证信息进行比对，如果该公钥与私钥的信息一致且签名正确，则服务器允许客户端成功登录。

以下以 Linux 客户端使用 SSH 密钥对远程登录服务器为例演示。

（1）在客户端生成密钥对：

```
$ ssh-keygen
```

以上命令会在用户家目录的，SSH 子目录下生成密钥对。默认私钥文件是 id_rsa，公钥文件是 id_rsa.pub。

（2）上传公钥到需要远程登录的 Linux 服务器：

```
$ ssh-copy-id  demo@192.168.1.113
```

注意

在 Linux 客户端，ssh-copy-id 命令会自动完成 SSH 公钥上传至远程服务器的过程。在其他 ssh-copy-id 命令不可用的系统中，需要手动上传 SSH 公钥至远程服务器。步骤如下：

（1）在客户端使用 scp 命令将 id_rsa.pub 上传到远程服务器：
```
$ scp .ssh/id_rsa.pub  demo@192.168.1.113：~/.ssh/
```
（2）将公钥的内容存放到指定的文件中，在远程服务器上执行：
```
$ cd ~/.ssh/
$ cat id_rsa.pub >> authorized_keys
```
（3）删除客户端的原始公钥文件：
```
$ rm id_rsa.pub
```

（3）测试免密码远程登录：

```
$ ssh demo@192.168.1.113
```

此时无须交互地输入密码，即可成功登录远程服务器。

（四）使用SSH远程执行指令

客户端通过SSH可以在远程Linux主机上执行命令，如下：

```
$ ssh demo@192.168.1.113 "cat /etc/debian_version"
demo@192.168.1.113's password：
11.3
```

（五）从Linux客户端使用SSH远程传输文件

Linux客户端通过SSH远程传输文件，有两种方式。

（1）使用scp命令上传和下载文件：

```
$ scp text.txt demo@192.168.1.113：~ /
demo@192.168.1.113's password：
text.txt              100%       6        5.7KB/s  00：00


$ scp  demo@192.168.1.113：~ /text.txt ./text.txt.back
demo@192.168.1.113's password：
text.txt              100%       6        5.2KB/s  00：00
```

（2）使用sftp登录远程服务器上传和下载文件：

```
$ sftp demo@192.168.1.113
demo@192.168.1.113's password：
Connected to 192.168.1.113.
sftp> pwd
Remote working directory：/home/demo
sftp> ls
text.txt
sftp> put text.txt.back  debian.txt
Uploading text.txt.back to /home/demo/debian.txt
text.txt.back            100%   6   5.9KB/s  00：00
sftp> ls -l
-rw-r--r--   1 demo    demo        6 Jun 15 03：32 debian.txt
-rw-r--r--   1 demo    demo        6 Jun 15 03：22 text.txt
```

```
sftp> get debian.txt
Fetching /home/demo/debian.txt to debian.txt
/home/demo/debian.txt        100%   6    3.8KB/s  00：00
sftp> quit
```

（六）从 Windows 客户端使用 SSH 远程传输文件

在 Windows 系统上，如果已经安装了 OpenSSHClient，同样可以使用 scp，sftp 的命令来远程上传和下载文件。另外，Windows 系统上有许多第三方 SSH 客户端软件可以支持远程传输文件，如 WinSCP。

（1）安装和运行 WinSCP，输入主机名、用户名、密码并登录，如图 9-4 所示。

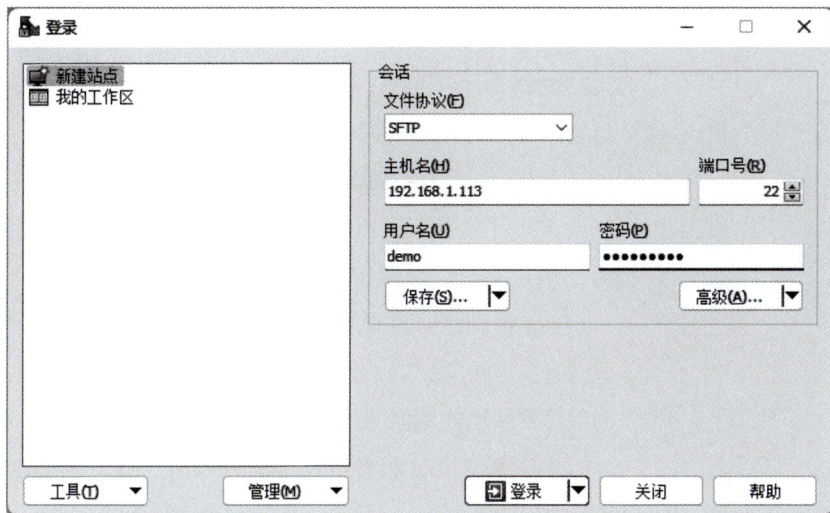

图 9-4　使用 Win-SCP 连接远程 Linux 服务器

（2）登录后，即可以在客户端和服务器端之间上传和下载文件，如图 9-5 所示。

（七）SSH 服务器端安全加固

SSH 服务提供了用户远程登录 Linux 系统的途径，用户登录后即可以对 Linux 操作系统进行一系列操作，所以，SSH 服务的安全防护至关重要。常见的 SSH 服务相关的安全注意事项如下：

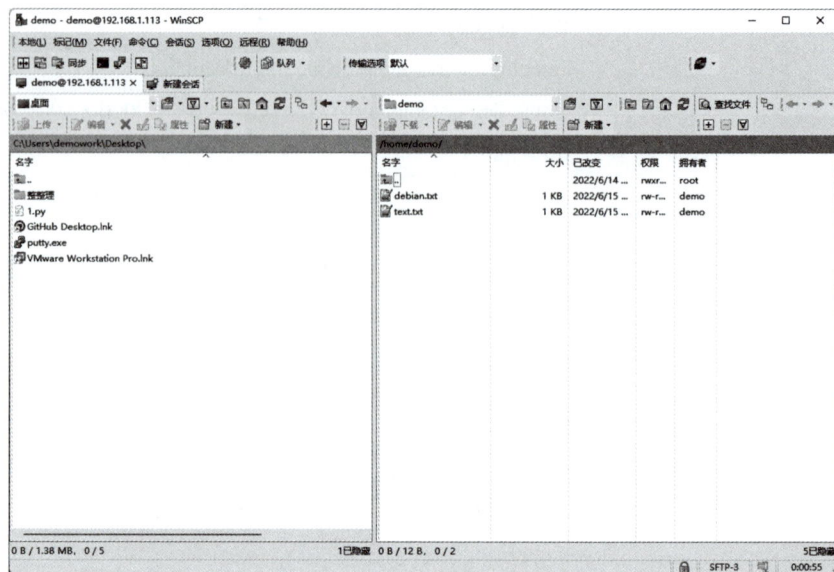

图 9-5　使用 Win-SCP 登录远程 Linux 服务器传输文件

（1）确保SSH客户端软件的安全性。建议使用系统自带的SSH客户端，如果要使用第三方软件。尽量选择开源软件，且一定要从官方网站下载。

（2）使用普通用户登录，并且禁用root用户远程登录。

（3）使用密钥对登录，而不使用密码方式登录。

（4）SSH服务只监听指定的IP地址和端口（使用大于1024的随机端口替换默认的22端口）。

（5）限制登录重试的次数。

（6）启用网络防火墙保护SSH服务。

（7）使用应用防火墙（如fail2ban）防止暴力破解。

可以修改SSH服务的配置文件参数，优化SSH服务，提高安全性。常用的配置项如下：

```
# vim /etc/ssh/sshd_config
Port 8778
# 因为默认的22号端口（小于1024的被默认定义为服务端口）是最容易被攻击的对象，所以通常要改为一个大于1024的随机端口。
AddressFamily inet
# 从实际应用考虑，为安全性，只监听ipv4地址。
ListenAddress 192.168.122.200
# 明确只监听某个IP接口（比如只监听内网的接口）。
```

```
Protocol 2
LoginGraceTime 1m
```
减少最大的登录时长，但要合理，不能太小，太小的话正常请求都有可能登录不上。
```
PermitRootLogin no
```
因为root用户名固定容易被攻击，通常不允许root远程登录，而使用普通用户登录，普通用户名可以随机设置为较复杂（包括密码）。
```
MaxAuthTries 6
```
最大认证重试次数。
```
MaxSessions 10
```
最大会话数。
```
AllowUsers  zhangsan
```
只允许普通用户 zhangsan 远程登录。
```
UseDNS no
```
不要使用DNS解析主机名。

注意

　　如果修改了SSH服务监听的IP地址或端口，在修改生效前，一定要确保网络防火墙开放了新的端口的访问权限。否则有可能导致无法远程登录服务器。
　　同样，如果只允许某个用户登录，那么一定要确保该用户能登录。

（八）查看与SSH远程登录相关的系统日志

　　定期查看与SSH远程登录相关的系统日志，分析是否存在异常登录，也是保障Linux服务器安全的一种有效手段。查看用户登录日志的方式如下：

（1）查看近期用户登录情况：

```
# last
```

（2）查看近期用户登录失败的情况：

```
# lastb
```

（3）查看系统内的用户近期的登录情况：

```
# lastlog
```

五、任务总结

使用SSH远程登录Linux系统是Linux系统管理员最常用的操作之一。利用SSH服务，可以远程执行命令，远程拷贝文件等。学习SSH服务最重要的是要有安全意识，掌握常用的SSH安全加固技巧。

六、任务实践

（一）巩固练习

（1）对SSH服务器进行安全加固，要求如下。
①修改监听的端口号为8089。
②只监听IPv4地址。
③禁止管理员root用户登录。
④只允许zhaolei用户登录。
⑤禁止TCP流量和X11转发。
（2）配置SSH服务使用密钥对登录。
（3）使用SSH远程执行命令查看当前登录的用户。

（二）综合项目

在使用密钥对的过程中，如何实现1个Clinet 登录 n 个Servers，以及 n 个 Clients 登录1个Server。

（三）技能拓展

配置SSH利用tcp转发的功能实现加密代理。

使用NTP同步时间

一、任务描述

计算机系统依赖于正确的时间来保持正常运行，例如实时交易系统、数字证书认证机构，或者对于攻击的检查、安全日志分析要必须要求时间准确无误。系统上有正确的时间是非常重要的。如果没有准确的时间，许多问题就会浮出水面。

二、任务目标

（一）知识目标

（1）理解网络时间协议。
（2）配置NTP客户端。
（3）配置NTP服务器端。

（二）能力目标

（1）保证计算机系统时间的准确性。
（2）分析排查因时间误差导致的系统问题。
（3）培养严谨细致的工匠精神。
（4）养成风险评估的职业素养。

三、基本原理

（一）网络时间协议

网络时间协议（Network Time Protocol，NTP）是在数据网络计算机系统之间通过分组交换进行时钟同步的一个网络协议，位于OSI模型的应用层。自1985年以来，NTP是目前仍在使用的最古老的互联网协议之一。NTP由特拉华大学的David L.Mills设计。

NTP意图将所有参与计算机的协调世界时（UTC）时间同步到几毫秒的误差内。NTP通常可以在公共互联网保持几十毫秒的误差，并且在理想的局域网环境中可以实现超过1毫秒的精度。该协议通常描述为一种主从式架构，但它也可以用在点对点网络中，对等体双方可将另一端认定为潜在的时间源。发送和接收时间戳采用用户数据报协议（UDP）的端口123实现。这也可以使用广播或多播，其中的客户端在最初的往返校准交换后被动地监听时间更新。

当前协议为版本4（NTPv4），这是一个RFC 5905文档中的建议标准。它向下兼容指定于RFC 1305的版本3。

（二）时钟层

NTP使用一个分层、半分层的时间源系统。该层次的每个级别被称为"stratum"，顶层分配为数字0。一个通过阶层n同步的服务器将运行在阶层$n+1$。数字表示与参考时钟的距离，用于防止层次结构中的循环依赖性。阶层并不总是指示质量或可靠性；在阶层3的时间源得到比阶层2时间源更高的时间质量也很常见。电信系统对时钟层使用不同的定义。以下提供了阶层0、1、2、3的简要描述。

1.阶层0（Stratum 0）

这些是高精度计时设备，如原子钟（如铯、铷）、GPS时钟或其他无线电时钟。它们生成非常精确的脉冲秒信号，触发所连接计算机上的中断和时间戳。阶层0设备也称为参考（基准）时钟。

2.阶层1

这些与阶层0设备相连、在几微秒误差内同步系统时钟的计算机。阶层1服务器可能与其他阶层1服务器对等相连，以进行完整性检查和备份。它们也被称为主要（primary）时间服务器。

3.阶层2

这些计算机通过网络与阶层1服务器同步。提供阶层2的计算机将查询多个阶层1服务器。阶层2计算机也可能与其他阶层2计算机对等相连，为对等组中的所有设备提供更健全稳定的时间。

4.阶层3

这些计算机与阶层2的服务器同步。它们使用与阶层2相同的算法进行对等和数据采样，并可以自己作为服务器担任阶层4计算机，以此类推。

阶层的上限为15，阶层16被用于标识设备未同步。每台计算机上的NTP算法相互构造一个贝尔曼—福特算法最短路径生成树，以最小化所有客户端到阶层1服务器的累积往返延迟。

NTP时钟层模型如图10-1所示。

（三）时钟同步算法

典型的NTP客户端将定期轮询不同网络上的三个或更多服务器。为同步其时钟，客户端必须计算其时间偏移量和来回通信延迟。时间偏移"θ"定义为：

$$\theta = \frac{(t_1 - t_0) + (t_2 - t_3)}{2} \quad (10\text{-}1)$$

往返延迟"δ"为：

$$\delta = (t_3 - t_0) - (t_2 - t_1) \quad (10\text{-}2)$$

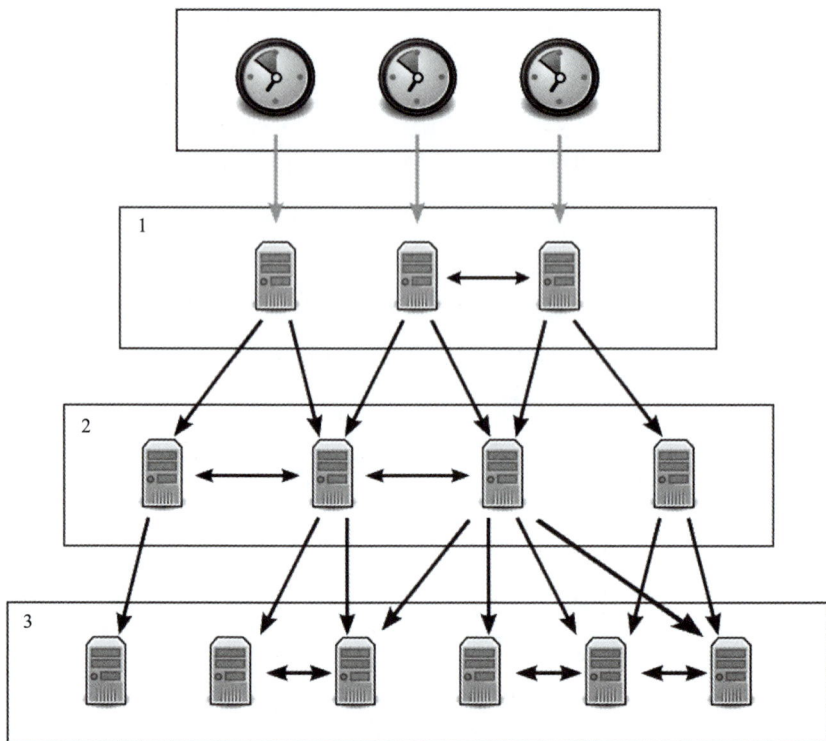

图 10-1　NTP时钟层模型

式中：t_0 是请求数据包传输的客户端时间戳；t_1 是请求数据包回复的服务器时间戳；t_2 是响应数据包传输的服务器时间戳；t_3 是响应数据包回复的客户端时间戳。

"θ" 和 "δ" 的值通过过滤器并进行统计分析。异常值被剔除，并从最好的三个剩余候选中导出估算的时间偏移。然后调整时钟频率以逐渐减小偏移，创建一个反馈回路。

当客户端和服务器之间的输入和输出路由都具有对称的标称延迟时，同步是正确的。如果路由没有共同的标称延迟，则将差异取半作为测量误差。

客户端与服务器端往返延迟时间如图 10-2 所示。

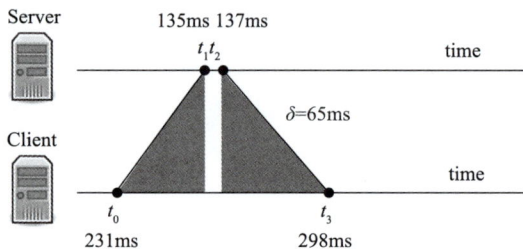

图 10-2　往返延迟时间

（四）软件实现

1.参考实现 ntpd

NTP参考实现连同协议的开发已持续发展了20多年。随着新功能的添加，向后兼容性仍保持不变。它包含几个敏感的算法，尤其是时钟规律，在同步到使用不同算法的服务器时可能会发生错误。该软件已移植到几乎各个计算平台，包括个人计算机。它在Unix上运行名为ntpd的守护进程，或在Windows上运行为一个Windows服务。支持参考时钟，并且以与远程服务器相同的方式对偏移进行过滤和分析，尽管它们通常更频繁地轮询。

2.SNTP

一个简单的NTP实现，使用相同的协议但不需要存储较长时间的状态，也称简单网络时间协议（Simple Network Time Protocol，SNTP）。它使用在某些嵌入式系统和不需要高精度时间的应用中。

3.Windows时间服务

从Windows 2000起的所有Microsoft Windows版本都包括Windows时间服务（W32Time），其具有将计算机时钟同步到NTP服务器的能力。

W32Time服务最初是为实现Kerberos第五版的身份验证协议，它需要误差5分钟内正确时间值以防止重放攻击。Windows 2000和Windows XP中只实现了简单的NTP，并在几个方面违反了NTP第3版的标准。从Windows Server 2003和Windows Vista开始，已包括符合完整NTP的实现。微软称W32Time服务不能可靠地将同步时间保持在1～2s的范围内。如果需要更高的精度，微软建议使用其他NTP实现。

Windows 10 与 Windows Server 2016 由版本 1607 开始，提供高精度的系统时间，支持1ms的时间精度。

4. Ntimed

一个新的NTP客户端ntimed由Poul-Henning Kamp在2014年开始编写。新的实现由Linux基金会赞助，作为参考实现的一个替代，因为它决定更容易地从头开始编写新的实现，而不是修复现有大型代码库的现有问题。截至2015年6月，它尚未正式发布，但ntimed可以可靠地同步时钟。ntimed在Debian和FreeBSD上工作，但也被移植到Windows和Mac OS。

5. Chrony

Chrony 是网络时间协议（NTP）的实现。它是 ntpd 的替代品，ntpd 是 NTP 的参考实现。它运行在类 Unix 操作系统（包括 Linux 和 macOS）上，并在 GNU GPL v2下发布。它是 Red Hat Enterprise Linux 8和SUSE Linux Enterprise Server 15的默认 NTP 客户端和服务器，在许多 Linux 发行版中都可用。

四、操作案例

（一）使用ntpdate命令从网络同步时间

（1）查看当前的时间和时区。

```
# date -R
Sun, 23 Aug 2021 07：44：16 -0400
```

（2）安装ntpdate客户端软件。

```
# apt install -y ntpdate
```

（3）同步时间（方法一）。

```
# ntpdate cn.ntp.org.cn
Sun, 23 Aug 2021 07：44：16 -0400
```

在中国境内，通过http：//www.ntp.org.cn/pool.php获取ntp服务器的地址。

（4）同步时间（方法二）。

```
# apt install -y systemd-timesyncd

# vim /etc/system/timesyncd.conf
NTP=0.cn.pool.ntp.org

# systemctl restart system-timesyncd
```

```
# timedatectl timesync-status
        Server：185.209.85.222（0.cn.pool.ntp.org）
Poll interval：1min 4s（min：32s；max 34min 8s）
          Leap：normal
       Version：4
       Stratum：2
     Reference：85F3EEA4
     Precision：1us（-25）
 Root distance：13.045ms（max：5s）
        Offset：-43us
         Delay：536us
        Jitter：0
  Packet count：1
     Frequency：+1.753ppm
```

> **注意：**
> ntpdate 在 Debian 系统软件源中已被标记为"过时"。可以使用 systemd 时间同步组件或 ntp 软件替代。

（二）搭建 NTP 服务器

（1）安装 NTP 服务器（同时作为客户端）软件。

```
# apt install -y ntp
```

（2）配置 ntp 服务器，修改上游时间服务器地址为本地时间源，并允许内部网络计算机与其同步时间。

```
# vim /etc/ntp.conf
#pool 0.debian.pool.ntp.org iburst
#pool 1.debian.pool.ntp.org iburst
#pool 2.debian.pool.ntp.org iburst
#pool 3.debian.pool.ntp.org iburst
server ntp.aliyun.com iburst
server ntp1.aliyun.com iburst
server ntp2.aliyun.com iburst
```

（3）添加允许从客户端接收时间同步请求的网络范围。

```
restrict 192.168.10.0 mask 255.255.255.0 nomodify notrap
```

（4）重启 NTP 服务。

```
# systemctl restart ntp
```

（5）查询本机与上游时间同步状态。

```
# ntpq -p
     remote        refid      st t when poll reach  delay   offset  jitter
==============================================================================
+120.25.115.20   10.137.53.7    2 u  75  64    3   13.102  +0.723   0.587
*203.107.6.88    10.137.38.86   2 u  37  64    7   59.990  +0.697   1.305
```

（三）配置 systemd 时间同步

（1）在客户端安装 systemd 时间同步组件软件。

```
# apt install systemd-timesyncd
```

（2）设置 ntp 时间服务器 IP 地址为本机的时间同步源。

```
# vi /etc/systemd/timesyncd.conf
NTP=192.168.1.113
```

（3）查询时间同步状态。

```
# timedatectl timesync-status
        Server：192.168.1.113（192.168.1.113）
  Poll interval：2min 8s（min：32s；max 34min 8s）
          Leap：normal
       Version：4
```

```
       Stratum：3
     Reference：78197314
     Precision：1us（-25）
 Root distance：14.899ms（max：5s）
        Offset：-5us
```

```
            Delay：657us
            Jitter：34us
      Packet count：3
      Frequency：-0.022ppm
```

（四）无外网连接的情况下使用NTP同步时间

（1）在无外网连接的情况下使用ntpq工具查询无连接状态返回。

```
# ntpq -p
No association ID′s returned
```

（2）配置ntp软件设置，将NTP服务器的上游时间指向本机。

```
# vim /etc/ntp.conf
server  127.127.1.0
fudge 127.127.1.0 stratum 10
```

（3）使用ntpq工具查询同步状态。

```
# ntpq -p
   remote           refid      st t when poll reach  delay  offset  jitter
========================================================================
 LOCAL（0）        .LOCL.      10 l   3   64    1   0.000  +0.000  0.000
```

五、任务总结

NTP网络时间协议非常重要，因为在计算机网络上的设备，即使是几分之一秒的时间准确性差异也可能导致问题。例如在以下场景中：

（1）分布式程序依赖于协调的时间，以确保遵循正确的顺序。

（2）安全机制依赖于整个网络的一致计时。

（3）跨多台计算机执行的文件系统更新取决于同步的时钟时间。

（4）网络加速和网络管理系统依靠时间戳的准确性来衡量性能并解决问题。

全世界有成千上万的NTP服务器。它们可以使用高精度原子钟和全球定位系统时钟。它们使用 NTP 等协议来同步联网计算机的时钟时间。NTP 使用协调世界时（UTC）以极高的精度同步计算机时钟时间。它在较小的网络上提供更高的精度 – 在局域网（LAN）中低至1毫秒，互联网上在数十毫秒以内。NTP 不考虑时区，它依赖于主机来执行此类计算。

本任务重点

（1）ntp基本的概念。

（2）配置ntp客户端与服务器。

（3）在无外网连接的内网建立ntp时间服务器。

六、任务实践

（一）巩固练习

（1）掌握使用systemd-timesyncd进行时间同步。

（2）掌握使用ntpdate命令进行时间同步。

（二）综合项目

（1）在timesrv1上搭建NTP服务器作为顶级服务器。

（2）在timesrv2上搭建NTP服务器作为二级服务器，通过timesrv1来获取时间源，并且仅允许timeclt来实现时间同步功能，其他机器不允许进行同步。

（三）技能拓展

（1）如何进行定期自动时间同步（至少两种方式实现）?

（2）使用新的NTP软件chrony来实现以上实例的功能。

11

使用DHCP动态分配IP地址

一、任务描述

DHCP（Dynamic Host Configuration Protocol，动态主机配置协议）是用来给客户机器分配TCP/IP信息的网络协议。每个DHCP客户端向DHCP服务器发起请求，该服务器会返回包括IP地址、子网掩码、网关和DNS服务器信息的客户网络配置。

DHCP在快速发送客户网络配置方面很有用场。当配置客户系统时，管理员可以选择DHCP，并不必输入IP地址、子网掩码、网关或DNS服务器地址。客户从DHCP服务器检索这些信息。DHCP在管理员想改变大量系统的IP地址时也大有用途。与其重新配置所有系统，不如管理员只编辑服务器上的一个DHCP配置文件即可获得新的IP地址集合。

二、任务目标

（一）知识目标

（1）理解DHCP协议。
（2）理解客户端与DHCP服务器通信过程。
（3）配置DHCP服务器。
（4）使用DHCP客户端。

（二）能力目标

（1）在局域网内合理规划网络地址。
（2）在本地架设DHCP服务器提供动态IP分配服务。

三、基本原理

（一）客户机寻找DHCPServer

当客户机开机或重新启动网络时，它会广播一个DHCPDISCOVER的请求。该封包的来源地址是0.0.0.0，目标地址为255.255.255.255。

（二）DHCPServer回应

一般主机接收到这个数据包后会直接将其丢弃。DHCP主机在接收到客户机的请求后，会回应一个DHCPOFFER封包。针对这个客户端的MAC与本身的设置，它会首先到服务器的日志文件中寻找该用户之前是否曾经租用过某个IP，若有且该IP目前无人使用，则提供此IP给客户端。若配置文件针对该MAC提供额外的固定IP，则给予该IP设置。

若不符合上述两个条件，则随机分配一个目前没有被使用的IP地址给用户，并记录下来。

此外，DHCP服务器还会提供给客户机一个租约时间，并等待客户端回应。

（三）客户机接收 DHCP 服务器提供 IP 信息

如果客户端收到网络上多个 DHCP 服务器的回应，它只会挑选一个 DHCPOFFER（通常是最先到达的那个），并且向网段广播一个 DH-CPREQUEST，告诉所有 DHCP 服务器它将接受哪一台 DHCPServer 提供的 IP 地址信息。同时，客户机还会向网络发送一个 ARP 封包，查询网络上面有没有其他机器使用该 IP 地址。如果发现该 IP 已经被占用，客户端则会送出一个 DHCPDECLINE 封包给 DHCPServer，拒绝接受其 DHCPOFFER，并重新 DHCPDISCOVER 信息。

（四）租约确认

当 DHCP 服务器接收到客户机的 DHCPREQUEST 之后，会向客户机发出一个 DHCPPACK 回应，以确认 IP 制约的正式生效，也就结束了一个完整的 DHCP 工作过程。

（五）租约到期

DHCPServer 对客户端分配的 IP 地址是有使用期限的，客户端使用此 IP 到期后，若要继续使用，需要向 DHCPServer 重新申请。若客户端没有提出重新申请，Server 就将该 IP 收回，放到备用区。

四、操作案例

（一）配置 DHCP 服务器

配置 DHCP（Dynamic Host Configuration Protocol）服务器为本地网络中的客户端主机分配 IP 地址。在这个示例中，它仅提供 IPv4 的配置。

（1）安装 DHCP 软件：

```
# apt install isc-dhcp-server
```

（2）配置DHCP服务器：

```
# vim /etc/default/isc-dhcp-server
DHCPDv4_CONF=/etc/dhcp/dhcpd.conf
INTERFACESv4="ens33"
```

```
# vi /etc/dhcp/dhcpd.conf
option domain-name "itnsa.cn";
option domain-name-servers 233.5.5.5，8.8.8.8；
authoritative；
subnet 192.168.1.0 netmask 255.255.255.0 {
        range dynamic-bootp 192.168.1.100 192.168.1.200；
        option routers 192.168.1.254；
}
```

（3）启动DHCP服务器：

```
# systemctl restart isc-dhcp-server
```

（二）使用DHCP客户端

配置 DHCP 客户端从本地网络中的 DHCP 服务器获取 IP 地址。
（1）配置网卡的IP地址为动态获取：

```
# vi /etc/network/interfaces
# change to [dhcp] on the target iface line
iface ens33 inet dhcp
```

（2）重新激活网卡：

```
 ~ # systemctl restart ifup@ens33
```

（3）如果是临时获取，可使用dhclient命令：

```
# dhclient -v ens33
```

五、任务总结

本任务的学习，主要是要掌握 DHCP 服务器的架设方法，并弄清楚 DHCP 服务器为客户端提供了哪些网络信息。理解 DHCP 服务器为客户机提供 IP 租赁服务的过程。

通过 DHCP 统一对 IP 进行管理，可以有效地避免网络内 IP 地址冲突，并减少客户端的配置工作。一般硬件路由器即可以提供 DHCP 的服务，不需要单独架设主机。

本任务重点

（1）DHCP 的工作流程。

（2）DHCP 服务器的架设。

（3）Linux 下 DHCP 客户端的使用。

六、任务实践

（一）巩固练习

在本地局域网内架设一台 Linux DHCP 服务器，要求如下：

（1）为本网段的所有网络主机提供动态分配 IP 的服务。

（2）定义默认路由为本网段的最后一个可用 IP。

（3）定义域名解析服务器为主为 202.96.128.86，辅为 210.21.4.130。

（4）为 client23.itnsa.cn 主机（MAC 地址 12：34：56：78：AB：CD）指定 IP 为本网段的第一个可用的 IP。

（二）综合项目

DHCP 的服务器为分别处于两个网络的客户端分配 IP：

（1）一个属于 privnet01 网络，分配得到 192.168.100.x/24 的 IP。

（2）一个属于 privnet02 网络，该机器固定得到 172.16.100.100/24 的 IP。

（3）两个客户端通过 dhclient 进行获取 IP 的测试。

（三）技能拓展

如果 DHCP 服务器位于一个子网内，如何为位于多个不同子网的客户端分配对应的不同网段的 IP 地址？

架设 DNS 服务器

一、任务描述

DNS是域名系统（Domain Name System）的缩写，是因特网的一项核心服务，它作为可以将域名和 IP 地址相互映射的一个分布式数据库，能够使人更方便地访问互联网，而不用去记住能够被机器直接读取的 IP 数串。

二、任务目标

（一）知识目标

（1）理解域名的分层设计。
（2）理解域名解析工作过程。
（3）配置缓存DNS服务器。
（4）配置权威DNS服务器。

（5）配置转发DNS服务器。

（二）能力目标

（1）管理域名系统。
（2）架设内部DNS服务器。

三、基本原理

（一）DNS基本概念

域名系统（DNS）是互联网的电话簿。人们通过例如 nytimes.com 或 espn.com 等域名在线访问信息。Web 浏览器通过 互联网协议（IP）地址进行交互。DNS 将域名转换为 IP 地址，以便浏览器能够加载互联网资源。

连接到 Internet 的每个设备都有一个唯一IP地址，其他计算机可使用该IP地址查找此设备。DNS服务器使人们无须存储例如 192.168.1.1（IPv4 中）等IP地址或更复杂的较新字母数字IP地址，如 2400：cb00：2048：1：：c629：d7a2（IPv6 中）。

（二）DNS域名解析过程

DNS 解析过程涉及将主机名（如 www.example.com）转换为计算机友好的 IP 地址（如 192.168.1.1）。Internet 上的每个设备都被分配了一个 IP 地址，必须有该地址才能找到相应的 Internet 设备 – 就像使用街道地址来查找特定住所一样。当用户想要加载网页时，用户在 Web 浏览器中键入的内容（example.com）与查找 example.com 网页所需的机器友好地址之间必须进行转换。

为理解 DNS 解析过程，务必了解 DNS 查询必须通过的各种硬件设备。对于 Web 浏览器而言，DNS 查询是"在幕后"发生的，除了初始请求外，不需要从用户的计算机进行任何交互。

DNS通过允许一个名称服务器把它的一部分名称服务（众所周知

的 zone）"委托"给子服务器而实现了一种层次结构的名称空间。此外，DNS 还提供了一些额外的信息，例如系统别名、联系信息以及哪一个主机正在充当系统组或域的邮件枢纽。

任何一个使用 IP 的计算机网络可以使用 DNS 来实现它自己的私有名称系统。尽管如此，当提到在公共的 Internet DNS 系统上实现的域名时，术语"域名"是最常使用的。

这是基于 984 个全球范围的"根域名服务器"（分成 13 组，分别编号为 A 至 M）。从这 984 个根服务器开始，余下的 Internet DNS 名字空间被委托给其他的 DNS 服务器，这些服务器提供 DNS 名称空间中的特定部分。

例如，www.itnsa.cn 作为一个域名就和 IP 地址 198.35.26.96 相对应。DNS 就像是一个自动的电话号码簿，我们可以直接拨打 198.35.26.96 的名字 www.itnsa.cn 来代替电话号码（IP 地址）。DNS 在我们直接调用网站的名字以后就会将像 www.itnsa.cn 一样便于人类使用的名字转化成像 198.35.26.96 一样便于机器识别的 IP 地址。

DNS 查询有两种方式：递归和迭代。DNS 客户端设置使用的 DNS 服务器一般都是递归服务器，它负责全权处理客户端的 DNS 查询请求，直到返回最终结果。而 DNS 服务器之间一般采用迭代查询方式。

以查询 www.itnsa.cn 为例：

客户端发送查询报文"query www.itnsa.cn"至 DNS 服务器，DNS 服务器首先检查自身缓存，如果存在记录则直接返回结果。

如果记录老化或不存在，则：

DNS 服务器向根域名服务器发送查询报文"query www.itnsa.cn"，根域名服务器返回顶级域。cn 的顶级域名服务器地址。

DNS 服务器向。cn 域的顶级域名服务器发送查询报文"query www.itnsa.cn"，得到二级域。itnsa.cn 的权威域名服务器地址。

DNS 服务器向。itnsa.cn 域的权威域名服务器发送查询报文"query www.itnsa.cn"，得到主机 zh 的 A 记录，存入自身缓存并返回给客户端。

（三）DNS记录类型

DNS系统中，常见的资源记录类型有：

（1）主机记录（A记录）：RFC 1035定义，A记录是用于名称解析的重要记录，它将特定的主机名映射到对应主机的IP地址上。

（2）别名记录（CNAME记录）：RFC 1035定义，CNAME记录用于将某个别名指向到某个A记录上，这样就不需要再为某个新名字另外创建一条新的A记录。

（3）IPv6主机记录（AAAA记录）：RFC 3596定义，与A记录对应，用于将特定的主机名映射到一个主机的IPv6地址。

（4）服务位置记录（SRV记录）：RFC 2782定义，用于定义提供特定服务的服务器的位置，如主机（hostname），端口（port number）等。

（5）域名服务器记录（NS记录）：用来指定该域名由哪个DNS服务器来进行解析。注册域名时，总有默认的DNS服务器，每个注册的域名都是由一个DNS域名服务器来解析的，DNS服务器NS记录地址一般以ns1.domain.com、ns2.domain.com等形式出现。简单地说，NS记录是指定由哪个DNS服务器解析你的域名。

（6）NAPTR记录：RFC 3403定义，它提供了正则表达式方式去映射一个域名。NAPTR记录非常著名的一个应用是用于ENUM查询。

四、操作案例

安装 BIND 配置 DNS（域名系统）服务器，为客户端提供名称或地址解析服务。

（一）配置缓存DNS服务器

（1）安装bind软件：

```
# yum  install bind9  bind9-utils
```

（2）配置DNS服务器授权客户端访问：

```
# vim  /etc/bind/named.conf
options {
        listen-on port 53 { any; };
         allow-query     { any; };
           recursion yes;


};



zone "." IN {
        type hint；
        file "named.ca"；
};
```

（3）重新启动bind服务器：

```
# systemctl restart named
```

（4）客户端配置DNS服务器为本地服务器的IP地址：

```
# vim  /etc/resolv.conf
nameserver 192.168.1.113
```

（5）客户端测试：

```
# nslookup  www.itnsa.cn
Server：     192.168.1.113
Address：     192.168. 1.113#53

Non-authoritative answer：
Name： www.itnsa.cn
Address：47.119.161.24
```

（二）配置权威DNS服务器

（1）添加自定义的域名zone：

```
# vim  /etc/named.conf
zone "365linux.com" IN {
        type master;
        file "365linux.com.db";
};
```

（2）添加域名解析数据库：

```
# cp  -a  named.empty  365linux.com.db

# vim  365linux.com.db

$TTL 3H
@      IN SOA  mini.365linux.com. root（
                                    0           ;  serial
                                    1D          ;  refresh
                                    1H          ;  retry
                                    1W          ;  expire
                                    3H ）       ;  minimum
            NS          mini.365linux.com.
mini        A           192.168.238.129
www         A           192.168.238.102
ftp         CNAME       www
@           A           192.168.238.102
*           A           172.16.100.98
```

（3）检查配置文件和数据库文件的可用性：

```
# named-checkconf
# named-checkzone 365linux.com  /var/named/365linux.com.db
zone 365linux.com/IN：loaded serial 0
OK
```

（4）重新启动服务使用配置文件和数据生效：

```
# systemctl restart named
```

（5）客户端测试：

```
$ nslookup  www.365linux.com
```

```
        Server：        192.168.238.129
        Address：       192.168.238.129#53

        Name：www.365linux.com
        Address：192.168.238.102

        $ nslookup   365linux.com
        Server：        192.168.238.129
        Address：       192.168.238.129#53

        Name：365linux.com
        Address：192.168.238.102

        $ nslookup   ftp.365linux.com
        Server：        192.168.238.129
        Address：       192.168.238.129#53

        ftp.365linux.com       canonical name = www.365linux.com.
        Name：www.365linux.com
        Address：192.168.238.102

        $ nslookup   mp3.365linux.com
        Server：        192.168.238.129
        Address：       192.168.238.129#53

        Name：mp3.365linux.com
        Address：172.16.100.98
```

（三）配置转发 DNS 服务器

将客户端 DNS 域名解析的请求转发给其他 DNS 服务器，相关配置如下：

```
recursion yes；
forward  first；
forwarders {223.5.5.5；}；
dnssec-validation no；
```

五、任务总结

什么时候需要建立 nameserver?

在购买域名时，域名注册商通常已经提供域名到 IP 的解析功能，一般用户只需要在基于 Web 页面的域名管理后台添加资源记录即可。在互联网上也有较多由 ISP 或企业提供的公共的域名缓存服务器，如 223.5.5.5、8.8.8.8 等。对 dns 域名解析性能和安全性要求较高的企业，通常会利用较好的服务器和带宽自建 nameserver。对于组织架构较复杂的公司，通常需要自建 nameserver 进行内部服务器进行名称解析。

六、任务实践

（一）巩固练习

安装配置一台 DNS 服务器，提供内部客户端外网域名的解析服务。为 linux.com 域提供的本地正向解析。

（二）综合项目

安装配置一台 DNS 服务器，要求如下：

（1）DNS 服务器的 IP 为 192.168.10.11/24。

（2）完成两个域名 www.linuxskills.com 和 www.lovelinux.com 的正解和反解。

（3）两个域名都解析到另一个存在的虚拟机的 IP，IP 指定为 192.168.10.12/24。

（三）技能拓展

（1）为本地的 DNS 服务器配置 linux.com 域的本地反向解析。

（2）linux.com 域能根据不同客户端所在的地区区域（不同网段），解析到不同的 IP 地址，提供智能解析服务。

使用Apache搭建网站服务

一、任务描述

　　公司有一个新的项目，要搭建一个门户网站，该网站要求使用加密访问，支持虚拟主机等功能。作为服务器系统管理员，你将使用apache服务器来满足上述要求。

二、任务目标

（一）知识目标

（1）了解主流的Web服务器。

（2）安装配置Apache服务器。

（3）创建虚拟主机。

（4）配置Web服务器支持https。

（二）能力目标

（1）Web服务器技术选型。

（2）配置Apache对外提供Web服务。

（3）提供加密的数据传输保障数据安全。

（4）培养IT信息安全意识。

三、基本原理

（一）Web和HTTP

万维网（World Wide Web 也称作"Web""WWW""W3"），是一个由许多互相链接的超文本组成的系统，通过互联网访问。在这个系统中，每个有用的事物称为一样"资源"，并且由一个全域"统一资源标识符"（URI）标识，这些资源通过超文本传输协议（Hypertext Transfer Protocol）传送给用户，而后者通过点击链接来获得资源。

英国科学家蒂姆·伯纳斯·李（Tim Berners Lee）于1989年发明了万维网。1990年他在瑞士CERN的工作期间编写了第一个网页浏览器。网页浏览器于1991年1月向其他研究机构发行，并于同年8月向公众开放。

万维网是信息时代发展的核心，也是数十亿人在互联网上进行交互的主要工具。网页主要是文本文件格式化和超文本置标语言（HTML）。除了格式化文字外，网页还可能包含图片、视频、声音和软件组件，这些组件会在用户的网页浏览器中呈现为多媒体内容的连贯页面。万维网并不等同互联网，万维网只是互联网所能提供的服务之一，是靠着互联网运行的一项服务。

万维网的核心部分是由三个标准构成的：

（1）统一资源标识符（URL），这是一个统一的为资源定位的系统。

（2）超文本传送协议（HTTP），它负责规定客户端和服务器怎样互相交流。

（3）超文本标记语言（HTML），作用是定义超文本文档的结构和格式。

蒂姆·伯纳斯·李现在是万维网联盟（W3C）的领导人，这个组织的作用是使计算机能够在万维网上不同形式的信息间更有效的储存和通信。

HTTP 超文本传输协议（英文：HyperText Transfer Protocol, HTTP）是互联网上应用最为广泛的一种网络协议，是一种用于分布式、协作式和超媒体信息系统的应用层协议。HTTP是万维网的数据通信的基础。设计HTTP最初的目的是提供一种发布和接收HTML页面的方法。通过HTTP或者HTTPS协议请求的资源由统一资源标识符（Uniform Resource Identifiers，URI）来标识。

HTTP的发展是由蒂姆·伯纳斯·李于1989年在欧洲核子研究组织（CERN）所发起。HTTP的标准制定由万维网协会（World Wide Web Consortium，W3C）和互联网工程任务组（Internet Engineering Task Force，IETF）进行协调，最终发布了一系列RFC，其中最著名的是1999年6月公布的 RFC 2616，定义了HTTP协议中现今广泛使用的一个版本——HTTP 1.1。

2014年12月，互联网工程任务组（IETF）的Hypertext Transfer Protocol Bis（httpbis）工作小组将HTTP/2标准提议递交至IESG进行讨论，于2015年2月17日被批准。HTTP/2标准于2015年5月以RFC 7540正式发表，取代HTTP 1.1成为HTTP的实现标准。

（二）Apache服务器

Apache HTTP Server（简称Apache）是Apache软件基金会的一个开放源码的网页服务器，可以在大多数计算机操作系统中运行，由于其多平台和安全性被广泛使用，是最流行的Web服务器端软件之一。

Apache起初由伊利诺伊大学香槟分校的国家超级电脑应用中心（NCSA）开发。此后，Apache Httpd被开放源代码团体的成员不断地发展和加强。Apache Http网站服务器拥有牢靠可信的美誉，已经在全球超过半数的网站中被使用，特别是几乎所有最热门和访问量最大的网站。

Apache支持许多特性，大部分通过编译的模块实现。这些特性从服务端的编程语言支持到身份认证方案。一些通用的语言接口支持

Perl、Python、Tcl和PHP。流行的认证模块包括mod_access，mod_auth和mod_digest。其他例子有SSL和TLS支持（mod_ssl），代理服务器（proxy）模块，很有用的URL重写（由mod_rewrite实现），定制日志文件（mod_log_config），以及过滤支持（mod_include和mod_ext_filter）。Apache日志可以通过网页浏览器使用免费的脚本AWStats或Visitors来进行分析。

除了Apache外，实现WEB服务器端的软件还有nginx、IIS（Windows平台）、lighttpd等。

（三）HTTPS

超文本传输安全协议（英语：HyperText Transfer Protocol Secure，缩写：HTTPS；常称为HTTP over TLS、HTTP over SSL或HTTP Secure）是一种通过计算机网络进行安全通信的传输协议。HTTPS经由HTTP进行通信，但利用SSL/TLS来加密数据包。HTTPS开发的主要目的，是提供对网站服务器的身份认证，保护交换资料的隐私与完整性。这个协议由网景公司（Netscape）在1994年首次提出，随后扩展到互联网上。

历史上，HTTPS连接经常用于万维网上的交易支付和企业信息系统中敏感信息的传输。在2000年代末至2010年代初，HTTPS开始广泛使用，以确保各类型的网页真实，保护账户和保持用户通信，身份和网络浏览的私密性。

HTTPS的主要作用是在不安全的网络上创建一个安全信道，并可在使用适当的加密包和服务器证书可被验证且可被信任时，对窃听和中间人攻击提供合理的防护。

HTTPS的信任基于预先安装在操作系统中的证书颁发机构（CA）。因此，与一个网站之间的HTTPS连线仅在这些情况下可被信任：

（1）浏览器正确地实现了HTTPS且操作系统中安装了正确且受信任的证书颁发机构。

（2）证书颁发机构仅信任合法的网站。

（3）被访问的网站提供了一个有效的证书，也就是说它是一个由操作系统信任的证书颁发机构签发的（大部分浏览器会对无效的证书发出警告）。

（4）该证书正确地验证了被访问的网站（如访问https：//exam-ple.com时收到了签发给example.com而不是其他域名的证书）。

（5）此协议的加密层（SSL/TLS）能够有效地提供认证和高强度的加密。

四、操作案例

（一）安装配置 Apache 服务器

（1）安装Apache服务器软件：

```
# aptitude  install  apache2
```

（2）修改Apache服务运行用户：

```
# vim  etc/apache2/envvars

export APACHE_RUN_USER=www
export APACHE_RUN_GROUP=www

# useradd  www
```

（3）配置错误页面最小信息，防止服务器软件信息泄露：

```
# vim  /etc/apache2/conf-enabled/security.conf
ServerTokens   Prod
ServerSignature Off
```

（二）创建新的虚拟主机

（1）从样例文件中复制创建自定义虚拟主机配置文件：

```
# cd /etc/apache2/sites-available
# cp -a  000-default.conf  001-www.apps4you.com.conf
```

（2）编辑虚拟主机配置文件，内容如下：

```
# vim 001-www.apps4you.com.conf
<VirtualHost *：80>
ServerName  www.apps4you.com
    DocumentRoot /htdocs/www
 ErrorLog ${APACHE_LOG_DIR}/www.apps4you.com.error.log
    CustomLog        ${APACHE_LOG_DIR}/www.apps4you.com.access.
log combined
</VirtualHost>
```

（3）创建网站根目录，并建立首页文件：

```
# mkdir -p  /htdocs/www
# echo   "the  frist web page." >>  /htdocs/www/index.html
```

（4）启用新虚拟主机的配置文件，并重启 Apache 服务使其生效：

```
# a2ensite   001-www.apps4you.com.conf
# systemctl restart apache2
```

（三）提供目录索引服务

```
<Directory /htdocs/www/files>
   Options Indexes
</Directory>
```

（四）提供 https 加密传输

（1）启用 ssl 模块：

```
# a2enmod   ssl
```

（2）从样例文件中复制创建 HTTPS 虚拟主机配置文件：

```
# cd /etc/apache2/sites-available
# sed  -e '/#.*$/d' -e '/^$/d' default-ssl.conf > 001-www.apps4you.com.ssl.conf
# vim 001-www.apps4you.com.ssl.conf
<IfModule mod_ssl.c>
```

```
<VirtualHost *：443>
        ServerAdmin webmaster@localhost
        DocumentRoot /htdocs/www
        ServerName  www.apps4you.com
        ErrorLog ${APACHE_LOG_DIR}/www.apps4you.com.error.log
        CustomLog   ${APACHE_LOG_DIR}/www.apps4you.com.access.log
combined
        SSLEngine on
        SSLCertificateFile  /etc/ssl/certs/ssl-cert-snakeoil.pem
        SSLCertificateKeyFile /etc/ssl/private/ssl-cert-snakeoil.key
<FilesMatch ″\.（cgi|shtml|phtml|php）$″>
                SSLOptions+StdEnvVars
</FilesMatch>
<Directory /usr/lib/cgi-bin>
                SSLOptions+StdEnvVars
</Directory>
        BrowserMatch ″MSIE [2-6]″\
                nokeepalive ssl-unclean-shutdown \
                downgrade-1.0 force-response-1.0
        BrowserMatch ″MSIE [17-9]″ ssl-unclean-shutdown
</VirtualHost>
</IfModule>
```

（3）启用新虚拟主机的配置文件，并重启 Apache 服务使其生效：

```
# a2ensite   001-www.apps4you.com.ssl.conf
 systemctl   restart   apache2
```

（4）使用自签名证书：

```
# openssl  req -new -x509 -nodes -out  web.crt -keyout web.key
```

（5）http 永久跳转到 https：

```
# vim  001-www.apps4you.com.ssl.conf
<VirtualHost *：80>
   ServerName  www.apps4you.com
   Redirect  301  /  https：// www.apps4you.com/
```

```
</VirtualHost *：80>
```

（6）客户端在命令行信任证书：

```
root@client1： ~ # cp web.crt /usr/local/share/ca-certificates/
root@client1： ~ # update-ca-certificates
```

（五）模拟CA签名证书

（1）建立CA工作路径及修改相应的工作环境配置：

```
# mkdir /ca
# vim /etc/ssl/openssl.cnf
 dir    = /ca
# vim /usr/lib/ssl/misc/CA.pl
 $CATOP="/ca";
```

（2）创建新的CA工作环境：

```
# /usr/lib/ssl/misc/CA.pl -newca
# ls /ca/
cacert.pem certs crlnumber index.txt.attr newcerts serial
careq.pem crl   index.txt   index.txt.old private
```

（3）在Web服务器上生成证书请求文件：

```
# /usr/lib/ssl/misc/CA.pl -newreq-nodes
# ls
newkey.pem newreq.pem
```

（4）从Web服务器拷贝证书请求文件到CA服务器上：

```
# scp newreq.pem   root@192.168.1.112：/ca/
```

（5）在CA服务器上对证书请求文件进行CA签名：

```
# /usr/lib/ssl/misc/CA.pl -sign
# ls   newcert.pem
newcert.pem
```

（6）将签名的证书文件返回给Web服务器：

```
# scp  newcert.pem   192.168.1.113：~ /
```

（7）在 Web 服务器上应用 CA 签名的证书：

```
# cp  newcert.pem  newkey.pem   /etc/apache2/ssl/
```

五、任务总结

apache 具有非常强大的功能和可配置性，在作为对外（大多数情况下是对所有网络）提供访问服务的应用，所以在功能配置、安全性、稳定性、性能调整上都有极大的可配置性。如工作模式、进程（线程）数、与动态应用的交互方式、安全加固、运行可执行的 CGI、静态缓存、代理、负载均衡等。

apache 作为当前最流行的 Web 服务器，重要性不言而喻；而当前在国内大量的 Web 应用（比如淘宝）开始使用 Web 服务器后起之秀 Nginx。

六、任务实践

（一）巩固练习

以下 https 均采用自签名证书：

（1）安装 apache2，创建网站首页内容为 "This is my test page"，支持 https 访问。

（2）配置 apache2 的运行用户和组为 www。

（3）通过命令行工具从客户端访问 apache2，观察访问日志的增加。

（4）创建两个基于域名的虚拟主机，分别是 www.upl01.com 、www.upl02.com ，首页内容不同。

（5）虚拟主机 www.upl01.com 支持 https 协议访问。

（6）访问 http：//www.upl01.com 时，自动跳转到 https。

（二）综合项目

DNS 服务器：192.168.100.101。

WEB服务器：192.168.100.102。

CA服务器和MySQL服务器：192.168.100.103。

客户端：192.168.100.104

（1）搭建DNS服务，完成www.520linux.com、520linux.com的域名解析。

（2）www.520linux.com的网站仅能够通过https访问（使用http访问自动跳转），使用CA机构签发证书，CA的根目录应该为/caroot。

（3）http：//www.520linux.com/downloads/ 目录（需要另外创建）支持文件列表索引，里面有4个文件（a.txt b.mp3 c.mp4 d.jpg）。

（4）当用户使用520linux.com访问的时候自动跳转到www.520li-nux.com。

（5）当用户使用其他IP访问时，应该被拒绝。

（三）技能拓展

搭建LAMP架构，安装wordpress，网站域名为www.mywordpress.com，支持https访问，并且此网站是一个中文网站。

参考文献

［1］许兴鹍，黄道金，简庆龙，等.Linux 系统管理教程 [M].北京：电子工业出版社，2015.

［2］田钧，李淼，陈伟.Linux 系统管理与服务器配置项目教程（基于 Debian）[M].北京：北京理工大学，2021.

［3］红帽软件（北京）有限公司.红帽学院官方指定教程：Red Hat Linux 用户基础 [M].北京：电子工业出版社，2008.

［4］红帽软件（北京）有限公司.红帽学院官方指定教程：Red Hat Enterprise Linux 系统管理 [M].北京：电子工业出版社，2012.